Ormar som husdjur

Omslagsfoto framsida: Smilla West

Omslagsfoto baksida: Rickard Ljunggren

Utan en förstående familj hade denna lilla bok säkerligen inte kommit till, tack Jenny, Ludwig och Jacob! Jag lägger alldeles för stor tid på herpetologin, men ni låter mig.

Rickard Ljunggren

Ormar som husdjur

Impressum

Foto: Nämnda under respektive bild.
Korrekturläsning: Angelika Wikström, Carina Edqvist-Berglund och Lina Malm.
Ytterligare medverkande: Fredrik Olofsson.

Förlag: BoD – Books on Demand, Stockholm, Sverige
Tryck: BoD – Books on Demand, Norderstedt, Tyskland

ISBN: 978-91-7969-632-0

Innehållsförteckning

1. Förord

Denna bok är sprungen ur mitt genuina intresse för ormar och min vilja att sprida detta intresse vidare. Mitt mål med denna bok är att den ska vara den bok jag själv borde ha läst innan jag köpte min första orm år 1993. Samtidigt som jag köpte min första orm köpte jag en bok med samma ämne som denna bok har. Jag har boken kvar och jag tittade lite i den i samband med att jag började skriva den bok du nu ska läsa. Då var den till stor hjälp, men idag har den blivit något daterad. Ormen, som jag döpte till Mats, var en strumpebandssnok.

Tack till alla er som hjälpt mig att få boken från idé till färdig produkt. Utan er faktagranskning, er input och er kunskap hade boken inte blivit det jag önskade att den skulle bli.
Tack alla för att jag fick använda era bilder. Samtliga fotografer är omnämnda under respektive bild.
Tack Angelika Wikström, Carina Edqvist-Berglund och Lina Malm för korrekturläsningen och tack ännu en gång Lina Malm för idé och inspiration till boken!

Ända sedan jag var liten har jag tyckt att ormar är vackra och spännande. Vår inhemska art av huggorm var och är en favorit, som jag numera har förmånen att hålla i terrarium här hemma. En trevlig art, men inget för nybörjare. Ett tidigt barndomsminne av just huggormar är från ett besök på Skånes djurpark. Jag fastnade hos huggormarna och stod länge och tittade på de vackra men farliga djuren som låg stilla och solade. Huggormarna var då i en grop med väggar av grönmålad betong och tak av hönsnät om jag inte minns fel. Har jag rätt för mig så finns hägnet kvar, men idag huserar man sköldpaddor där. Så egentligen ska nog Skånes djurpark också ha ett tack, utan ert hägn med huggormar hade jag kanske aldrig upptäckt denna fantastiska hobby!

Jag har som liten testat att ha undulater som husdjur, men det visade sig att jag var allergisk mot både mina fåglar och mot pälsdjur. Eftersom ormar saknar både päls och fjädrar var det självklart för mig att börja snegla på reptiler istället och jag halkade på så sätt in i terrariehobbyn. Min första reptil blev dock en vattensköldpadda, orm fick jag tyvärr vänta med tills jag flyttat hemifrån då min mamma inte direkt delade mitt intresse. Att ha ormar i terrarium har sedan dess varit en givande hobby. Jag hade en period utan ormar som husdjur, men även under denna period läste jag en del om ormar och såg allt om ormar som fanns att se på tv. När jag fick tillgång till internet blev utbudet ännu större, men tyvärr gick det inte längre att på samma vis lita på allt man läste och såg.
Om någon i familjen har problem med allergier är ormar och andra reptiler ofta husdjur man kan ha ändå. Dessutom är det ju ruskigt spännande och intressanta djur!

Foto: Rickard Ljunggren. Huggorm, *Vipera berus*, fotografera i vilt tillstånd utanför Hässleholm. Visst är hon fantastiskt vacker? Att det är en hona kan du se på att sicksackmönstret på ryggen är brunt och inte svart som på hanarna.

Att inreda ett terrarium och få till en naturliknande miljö är ett skapande lite likt att inreda ett akvarium. Fördelen är att ett terrarium, enligt mig, är mera lättskött. Man slipper problemen som ibland kan uppstå med sådant som dåligt vatten, filter som ska rengöras och alger överallt. De som kan sin sak har säkert vettiga argument som påvisar att det inte är så mycket jobb med akvarium, men jag föredrar ormar och terrarium. Man kan dessutom ta ut en orm ibland, vilket du kanske inte bör göra med fiskar. Utöver skapandet med att inreda ett terrarium så tycker jag att ormar är vackra att titta på och väldigt

intressanta djur.

Foto: Rickard Ljunggren. En palmhuggorm, *Trimeresurus albolabris*, från Sydostasien. En fantastiskt vacker art som absolut inte är lämplig för en nybörjare eftersom det är en giftorm. För mig tog det många år innan jag skaffade min första giftorm. På bilden är det en hane, det ser man på den tunna vita linjen längs sidan av kroppen. Han smälter in bra i miljön tillsammans med gullrankan som jag planterat och känner sig nog rätt skyddad och trygg på sin gren. Jag tycker att det är snyggt att ha levande växter i terrariet. Dessutom märker du direkt om det börjar bli lite för torrt i ormens miljö, då slokar växterna.

Om man vill så är detta en social hobby. Förutom forum på nätet med varierande grad av seriositet finns det aktiva föreningar utspridda över hela landet. Jag är själv en föreningsmänniska och har genom den förening jag är med i hittat flera goda vänner, fått ta del av andras kunskap och fått komma hem till andra medlemmar och se deras fantastiska samling av vackra ormar. Är du nyfiken på att lära känna kunniga och trevliga människor inom hobbyn och ta del av föreningsaktiviteter så leta upp Sveriges Herpetologiska Riksförening på nätet. Därefter kan du leta dig vidare till den lokalförening som passar dig bäst.

Sveriges Herpetologiska Riksförenings logga - en noshornspuffader, *Bitis nasicornis.* (Arten kan även kallas noshornsvipera.)

Föreningarna anordnar fältexkursioner, sociala träffar, föreläsningar, gemensamma resor till reptilmässor och liknande. Kontakta din lokalavdelning för att ta reda på vad just de gör! Föreningen gör dessutom ett viktigt påverkansarbete och jobbar för vår hobbys bästa när lagändringar och regelverk riskerar att påverka vår hobby. Utöver att du stöttar föreningen och därigenom den egna hobbyn får du riksföreningens medlemstidning "Snoken". Stöter du på problem med din orm finns det alltid föreningsmedlemmar som kan hjälpa dig. Oavsett vad ditt problem är så är du garanterat inte den första som haft det.

Förutom Sveriges Herpetologiska Riksförening och dess lokalföreningar finns det andra föreningar, både de som vänder sig till dig som är intresserad av specifika arter och de som har ett geografiskt område där medlemmarna bor. Dessa föreningar har jag tyvärr ingen koll på och kan inte uttala mig om.

Utbudet av olika ormar som husdjur är större än någonsin. Det är kanske roligt att ha en ovanligare art eller att lyckas med en orm som anses svårare att hålla, men som ny i hobbyn är det en god idé att skaffa ett husdjur som är vanligt förekommande hos andra entusiaster. Har du en art som flera andra har eller har haft finns det många som kan ge goda råd. Ofta är det även så att arten är vanligt förekommande i hobbyn för att den är lättare att lyckas med.

Se den här bokens innehåll som generellt skrivet och komplettera med skötselråd som gäller för just den art du har valt att hålla i terrarium. Skötselråd kan du få från andra i hobbyn, men var noga med vem du väljer att lyssna på. Kom ihåg att det inte alltid är den som skriker högst som kan mest. På sociala medier hittar du flera profiler som visar upp fina djur, både från naturen och från den egna samlingen. De som ofta får mest uppmärksamhet brukar vara de som väljer att hantera giftiga ormar med bara händerna, utan så kallad ormkrok. Värt att tänka på är att mod (en del säger dumdristighet) inte är samma sak som att vara kunnig. Jag påstår inte att man automatiskt är okunnig om ormar för att man väljer att hantera potentiellt dödligt giftiga ormar med händerna, utan det jag påstår är att man inte ska ha en övertro på någons kunskaper enbart baserat på det faktum att denna väljer att visa upp bilder där man riskerar liv och hälsa.

På nätet hittar du mycket skrivet, en del stämmer och en del gör inte det. Sök på "care sheet" (skötselråd) och läs från flera olika källor för att bilda dig en uppfattning om vad som är rätt för den art du vill införskaffa. På Facebook finns det grupper för de som har reptilintresse och grupper vars intresseområde är just den art som du är intresserad av. Min åsikt är att de råd och tips man får av människor man träffar i verkliga livet ofta är mera pålitliga. På nätet är alla experter och många med bristande kunskaper delar tvärsäkert ut tips av varierande kvalité. Men det finns även kunnigt folk som vill hjälpa via sociala medier. Det svåra är att avgöra om det är en kunnig person som ger dig tips eller om det är någon som tror sig veta och gissar sig fram till de svar du får.

Jag hoppas att denna bok ska ge dig svaren på många frågor, utan att avskräcka dig från att ta steget in i en fantastisk hobby!

Med vänlig hälsning Rickard

2. Var?

I Sverige föds det numera upp rätt många ormar av de vanligare arterna inom hobbyn. När jag skulle skaffa min första orm var utbudet inte lika bra som idag och priserna var mycket högre. Även om det föds upp rätt mycket ormar så importeras det även en del. Zoobutiker och liknande aktörer åker ibland till reptilmässor i Europa för att fylla på sina lager. Privatpersoner i Sverige besöker också dessa mässor, men då handlar det ofta om att man söker efter någon ovanligare art som inte går att hitta på den svenska marknaden.

Viltfångade djur förekommer fortfarande i handeln och alla handlare är inte lika nogräknade. Dessa viltfångade djur hålls och transporteras ofta under olämpliga eller direkt dåliga förhållanden, många djur dör på vägen till Sverige. Viltfångade djur kan vara sjuka eller ha parasiter och djuren kan vara svåra att få att äta och fungera i fångenskap. En rätt stor andel av dessa viltfångade djur dör en kort tid efter att ha blivit sålda till en glad entusiast. Slutligen så är handel med viltfångade djur olagligt i Sverige och det är olagligt att som privatperson hålla viltfångade reptiler i terrarium. Om du känner dig osäker eller har frågor, försök att få hjälp av någon som har mer erfarenhet av ormar när du ska köpa din första orm.

Var ska du nu köpa din orm någonstans? Du kan antingen köpa av privatpersoner, på reptilmässor eller i zoobutiker. Om du blir medlem i en förening kommer du säkerligen i kontakt med medlemmar som föder upp ormar eller som har ett bra kontaktnät. Av dessa kan du sedan i lugn och ro välja ut en orm. Att köpa direkt av en uppfödare innebär att du kan få tips och råd från någon som redan lyckats väl med just den arten. Du kan säkert också få se hur de vuxna djuren ser ut och hur de lever. Flera uppfödare brukar vara aktiva på reptilmässor, antingen via annonser inför mässan eller genom att de har bord på mässan. Tveka inte att ta kontakt! Jag har hittills aldrig träffat en uppfödare som inte ställer upp och svarar på frågor.

Det finns även ett annonsforum på nätet för reptiler. När jag skriver denna bok är terrariedjur.se det forum som får anses vara mest aktivt. Dessa forum är också ett bra ställe att knyta kontakter på. Annonsforum likt Blocket där du kan köpa allt från begagnade vinterdäck till en majsorm tycker jag att du ska undvika. Kvalitén på annonserna där är ofta undermåliga. Säljaren har ibland bristande kunskaper om vad de vill sälja, djuren verkar ha bytt ägare många gånger, djurhållningen kan ibland vara hemsk och uppfödarbevis kan ofta saknas.

Man kan också köpa sin orm i en zoobutik. Mitt råd är då att vända sig till en butik som är någorlunda specialiserad på just reptiler för då finns kunskapen om vad de säljer. Välj gärna en väletablerad butik med gott rykte för då kan du vara hyfsat säker på att butiken finns kvar om du skulle behöva återvända för att få tips eller råd. Blir du osäker på om du valt rätt butik, fråga någon som varit i hobbyn ett tag. Den svenska "ormvärlden" är rätt liten, folk i hobbyn brukar ha koll på vilka handlarna är.

Oftast är det ungar som finns till försäljning oavsett om du köper av privatperson, på mässa eller i butik. De som föder upp ormar behåller ofta de vuxna ormarna och säljer avkomman. Det finns även äldre djur till salu. Ibland byter någon intresseområde inom hobbyn eller behöver minska på antalet husdjur i hemmet.

Foto: Rickard Ljunggren. En kull gråbandade kungssnokar, *Lampropeltis alterna*, som kläcktes hemma hos mig för några år sedan. En fantastiskt trevlig art som ingått i min ormsamling sedan mer än tio år tillbaka. Nu när jag går igenom korrekturen av detta kapitel har jag elva nylagda ägg i min äggkläckare. Förhoppningsvis kläcks det lite nya kungssnokar om två månader!

3. Uppfödarbevis

Oavsett var du köper din orm och vem du köper den av, be alltid om uppförarbevis. En del handlare kan försöka ge dig ett papper där de intygar vad det är för djur du köpt, men det är inte detsamma som ett uppfödarbevis. Det du vill ha är ett papper som intygar följande: djurets ursprung, information om föräldradjuren, vilken art det är, ormens kön, vem som fött upp djuret och att djuret är fött i fångenskap. Ett uppfödarbevis ska vara skrivet av uppfödaren och detta papper ska sedan följa ormen hela livet, oavsett om ormen byter ägare eller ej. Var själv noggrann med att inte slarva bort ett uppfödarbevis, du kan behöva det en dag.

Dessa uppfödarbevis har blivit viktigare och viktigare i takt med skärpt lagstiftning som är till för att strypa handeln med viltfångade djur. Vi vet inte hur framtiden ser ut, därför är det lika bra att ha korrekta papper på sina djur. När jag skriver denna bok så får det anses riskfritt att köpa en majsorm utan att begära uppfödarbevis, men lagar kan ändras och regelverk börja tolkas annorlunda. Idag måste du som ägare, med hjälp av ett uppfödarbevis, kunna bevisa ditt djurs lagliga bakgrund om arten finns med på en av de två listor med skyddade arter som anses hotade. Inom hobbyn pratar man om A-listade djur och B-listade djur, och då refererar man till dessa två listor.

Många arter av reptiler är utrotningshotade. Därför finns det s.k. CITES-regler som ska säkerställa en hållbar handel med dessa arter. A-listade arter är utrotningshotade på grund av handel och har därför störst behov av skydd. B-listade arter riskerar att bli utrotningshotade om inte handeln kontrolleras. Det händer att dessa listor utökas med nya arter och då kan kravet på dokumentation förändras. Då är det skönt att ha begärt uppfödarbevis även om det inte behövdes vid köptillfället, ifall du råkar ha en art som fått ta plats i någon av listorna. För kungspyton och kungsboa, som är vanliga ormar att skaffa som första orm, krävs det uppfödarbevis. Bägge arterna är med på B-listan. Många säljare slarvar med detta, särskilt om det är billigare djur. Om säljaren inte vill ge dig ett uppfödarbevis, avstå från affären oavsett om det är själva djuret eller priset som lockar.

Ett uppfödarbevis ska innehålla information om:

Vilken art du har köpt, ormens kön och födelsedatum.

Säljarens bedyrande att det är ett fångenskapsuppfött djur du köpt.

Säljarens intygande att ormen har en laglig bakgrund.

Information om föräldradjuren.

Säljarens kontaktinformation.

Kraven på hur ett uppfödarbevis ska se ut kan ändras med tiden. Först hade jag med min egen mall i boken, men valde att ta bort den igen då risken finns att den blir inaktuell och inte längre är tillräcklig när du läser min bok. Aktuella regler kring uppfödarbevis hittar du på Jordbruksverkets hemsida. När jag skriver denna text använder myndigheten sig av uttrycket "härstamningsintyg" istället för "uppfödarbevis", får du inte träff på det ena ordet får du söka på det andra. Ordet "uppfödarbevis" är det som är vanligast förekommande i hobbyn när denna bok var ny, pratar du med säljare och uppfödare är det vanligen detta man ber om. Är du osäker på vad som är rätt eller fel gällande intyg så är min erfarenhet att Jordbruksverket är en myndighet som är rätt bra på att svara på mejl. Men som så ofta annars med myndigheter kan man ibland få vänta ett tag innan svaret kommer.

På uppfödarbevis och i annonser förkortas ofta de olika könen till en sifferkombination.

0.1 betyder att det är en hona.

0.2 betyder att det är två honor.

1.0 betyder att det är en hane.

2.0 Betyder att det är två hanar.

Detta innebär att

1.1 är ett par (en hona och en hane).

1.2 är en hane och två honor.

Vissa använder en kombination av tre siffror, där den tredje siffran berättar att ormens kön är okänt.

0.0.1 betyder att det är en orm av okänt kön.

3.2.1 betyder att det är tre hanar, två honor och en orm av okänt kön.

Vid första anblicken kan sifferkombinationerna på föregående sida framstå som helt obegripliga, men nu har du säkert fattat galoppen?

Det förekommer att säljare på mässor märker plastlådorna ormarna säljs i med blått klistermärke för hanar och rött klistermärke för honor. Ibland används istället dessa symboler på de plastlådor som ormarna ligger i när de säljs:

Symbolen för hane.

Symbolen för hona.

Slutligen, har du köpt en orm med framavlat utseende, en så kallad morph, vill du att det står på uppfödarbeviset du får vad det är för morph. Ofta listar uppfödare även eventuella anlag hos ormen, vilket kan vara intressant att veta ifall du en dag väljer att försöka para din orm. Mer om morpher hittar du på sidan 28.

Foto: Rickard Ljunggren. Huggorm, *Vipera berus*. Ett helsvart exemplar fotograferat i naturen. En del färgvarianter förekommer även i vilt tillstånd.

4. Vad?

Vad ska du nu skaffa dig för orm? Vilken orm är en bra nybörjarorm? Innan du skaffar dig ett djur ska du ta reda på hur man sköter den aktuella arten. Gå med i en förening, lär känna folk inom hobbyn, läs böcker och skötselråd, ta kontakt med uppfödare.

Foto: Rickard Ljunggren.

En majsormshona, *Pantherophis guttatus*, av morphen "snow". Mer om morpher hittar du på sidan 28.

Inspiration till hur du inreder ett terrarium kan du få hos andra i hobbyn eller på ett tropikarium som Skansenakvariet, Tropikariet i Helsingborg, Tropicarium Kolmården och Universeum. Hur du ska inreda ditt terrarium återkommer vi till i kapitlet om inredning på sidan 43.

En del arter lämpar sig väl för den som är ny i hobbyn. Mitt förslag är att man till att börja med håller sig till dessa även om man på nätet har hittat en fantastiskt spännande art som inte tillhör de vanliga inom terrariehobbyn. De arter som är vanliga att ha som husdjur är vanliga därför att de är lätta att föda upp och lätta att lyckas med. En bonus är att det alltid finns många andra som har samma art och det är lättare att få kloka råd gällande just ditt husdjur.

En del hävdar att det viktigaste att tänka på i valet av art är att man väljer den där drömormen som är en favorit. Jag anser att det inte alltid är lämpligt att välja den där favoritarten. Din favorit är kanske en art som är svår att lyckas med? Vissa arter kräver stor erfarenhet. De har kanske krav på föda som inte är lätt att få tag på om man inte har ett bra kontaktnät eller har krav på temperatur och miljö som inte är lätt att uppfylla? En del arter är kända för att försvara sig så fort en människa kommer i närheten och den del arter är ju faktiskt giftiga. Dessa arter kan du titta efter när du har blivit mera kunnig, min tro är att hjärtat ändå fortsätter klappa för den där ormen som var din allra första orm. Alla är vi barn i början och det är roligare att börja reptilhobbyn med att lyckas väl med sin första orm än att ha ständiga bekymmer med en svårskött art.

När du väljer art tycker jag att du ska tänka på detta:

1. Arten ska naturligtvis inte vara giftig. Inte ens milt giftig. Även om ormar är djur som mera är till för att titta på än att umgås med så kommer du att behöva hantera din orm med händerna ibland. Dessutom vill man gärna kunna hålla ormen och låta den ringla genom händerna ibland. Jag närmar mig 50 år och uppskattar fortfarande detta.
2. Välj en art som har ett lugnt temperament så att du kan hantera den ibland och sköta terrariet utan att skrämma upp ormen. Vissa arter är mera defensiva och biter gärna, andra arter biter nästan aldrig.
3. Arten ska inte vara för stor eller för liten. Små ormar kan vara ömtåligare och ha lättare för att rymma. Stora ormar kan vara svåra att ha att göra med om de har en dålig dag. Dessutom tar det mycket plats om man ska ge ormen rimligt utrymme att leva på. Min rekommendation är att välja en art som blir ungefär en meter lång som vuxen.
4. Arten ska inte ha några specialkrav gällande foder och miljö. Det ska inte vara en vetenskap att ha ett husdjur om man inte råkar vara ruskigt kunnig och väldigt intresserad.

Det finns många arter på marknaden, men några sticker ut som väldigt mycket vanligare än andra. Dessa är nordamerikanska snokar, kungspyton från Afrika och delvis kungsboa från Sydamerika. Bland de amerikanska snokarna är det framförallt majsormar, men även olika mjölksnokar och kungssnokar som är vanliga. Jag har själv både majsorm och kungssnok och det är vackra och lättskötta djur. Den optimala förstaormen enligt mig är en majsorm, *Pantherophis guttatus*. De har ofta ett väldigt lugnt sätt, är lätta att få att trivas och fungera med maten och dessutom finns de i många olika färger och mönster som uppfödare lyckats avla fram. De blir en bit över metern och de äter möss eller små råttor.
Ungefär detsamma kan sägas om mjölksnokar och kungssnokar. Det är också lättskötta ormar som blir strax över metern, men vissa arter blir kortare än så.
Det man behöver ha i bakhuvudet om kungssnokarna och mjölksnokarna är att kannibalism kan förekomma och att vissa arter är förbjudna att köpa och äga i Sverige.

Några arter av kungssnok ses numera som invasiva och blev förbjudna i hela EU år 2022. Invasiva arter är främmande arter som med människans hjälp flyttats från sin ursprungliga miljö och i sin nya omgivning börjat sprida sig snabbt och orsakar allvarlig skada för ekosystem, infrastruktur eller människors hälsa. Ursprunget till att vissa arter av kungssnok blev förbjudet hittar vi på Gran Canaria, en ö som tidigare saknade ormar men som numera huserar ett rätt stort antal kungssnokar som egentligen hör hemma i USA. Invasiva arter är ett av de största hoten mot biologisk mångfald i Sverige och antalet främmande arter som blir invasiva ökar.

Det finns fortfarande en hel del av de numera förbjudna kungssnokarna kvar i privatpersoners terrarium i Sverige eftersom de som ägde husdjuren när förbudet kom får behålla sina djur. Man får däremot inte sälja eller överlåta dessa individer till andra och inte heller importera eller köpa exemplar av dessa arter.
De flesta arterna av kungssnokar är fortfarande tillåtna.
Information om vilka arter som är förbjudna hittar du på Naturvårdsverkets hemsida.

Foto: Rickard Ljunggren.
Överst: En gråbandad kungssnok, *Lampropeltis alterna*. På bilden en hona som genom åren lagt många kullar ägg här hemma. Just denna art har alltid varit en favorit då de är lika lugna som de är vackra.
Nederst: Samma majsorm som på sid. 19.

Många väljer kungspyton, *Python regius*, som första orm. Det blir också lagom stora, men är lite kraftigare i kroppen än de amerikanska snokarna. Det är också lättskötta djur som vanligtvis är lugna att handskas med. Det man ska vara beredd på är att de kan matvägra i perioder. Det jag själv upplevt är att framförallt hanarna kan vara svåra att få att äta på vintern. Då gäller det att ta det lugnt. Jag läser ofta trådar i forum från oroliga ormägare som har en kungspyton som inte ätit på tre veckor, men det är verkligen ingen fara. De klarar flera månader utan mat. Skulle din kungspyton matvägra, prova att mata igen om en vecka eller två. Även kungspyton finns i olika färger och mönster. Som unga äter de möss, men som vuxna är mellanstora råttor mera lagom.

Foto: Rickard Ljunggren. Vår kungspytonhane. Detta exemplar har samma färger och mönster som i naturen, det brukar då kallas att ormen är naturfärgad.

Förr var det vanligare att skaffa kungsboa, *Boa constrictor*, än vad det är idag. Det är vackra djur med ett lugnt temperament, men jag tycker att de blir aningen för stora för att ha som första orm. Jag hade en kungsboa och som vuxen blev han grövre än en vältränad överarm och närmre två meter lång. Man måste alltid ta hänsyn till hur stor ormen blir och vara säker på att man har plats till den även då.

Skall man köpa en eller två ormar? Att sköta två ormar i ett terrarium tar inte mycket längre tid än att sköta en. Det blir naturligtvis dubbelt så mycket bajs att ta hand om men ormar äter rätt sällan och bajsar lika sällan. Två ormar kräver naturligtvis större utrymme än en ensam orm och det måste finnas gott om gömställen så att de inte alltid måste trängas med varandra, utan det går att ringla undan vid behov. Ifall jag har två ormar i samma terrarium tar jag alltid ut den ena vid matningen. En får äta i sitt terrarium och den andra får tillfälligt bo i en plastback med lock under måltiden. Efter en stund när bägge svalt maten och kommit till ro, får ormen i plastbacken flytta tillbaka igen. Detta gör jag för att det inte ska råka bli dragkamp om ett byte eller för att de ska råka hugga varandra när det luktar mat.

Skaffar du någon sorts kungssnok eller mjölksnok finns alltid risken för kannibalism. Jag brukar ha mina par i separata terrarium, de flyttar tillfälligt ihop när det är dags för parning. Även då finns risken för att någon blir uppäten. Jag har en grön kattögonsnok, *Boiga cyanea*, av kvinnligt kön. För ett par år sedan skaffade jag en hane för att se om det kunde bli några ägg. Jag släppte in hanen till honan, men dagen efter var han borta. Jag förstod inte hur han hade kunnat rymma, men började ändå leta i mitt ormrum. När jag inte hittade honom i rummet började jag leta i terrariet igen, för att se om han grävt ner sig. Då lade jag märke till att honan var väldigt bulig, hon hade svalt den stackars hanen. Kannibalism kan förekomma hos många andra arter också, men är ovanligt hos majsormar och kungspyton.

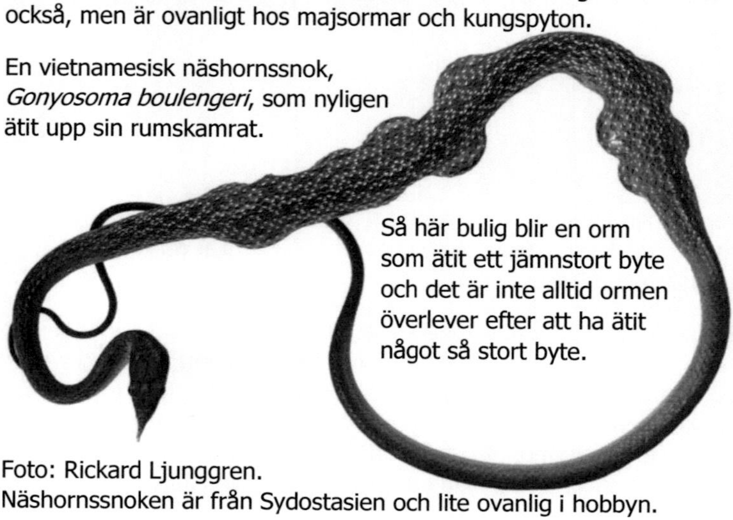

En vietnamesisk näshornssnok, *Gonyosoma boulengeri*, som nyligen ätit upp sin rumskamrat.

Så här bulig blir en orm som ätit ett jämnstort byte och det är inte alltid ormen överlever efter att ha ätit något så stort byte.

Foto: Rickard Ljunggren.
Näshornssnoken är från Sydostasien och lite ovanlig i hobbyn.

Du behöver inte köpa två ormar, ormar har inget behov av sällskap. Förutom parningen så har de ingenting ut av varandras närhet, de lever rätt separata liv fastän de vistas på samma yta.

Foto: Rickard Ljunggren. Ett kungspytonpar som bor ihop. Visst ser det ut som att de njuter av varandras sällskap? Den tråkiga sanningen är att bägge två ligger och solar under värmelampan i terrariet. Bägge två anser att platsen är optimal att ligga på just nu, men de umgås inte.

Det är roligt att få ungar, jag brukar se det som ett kvitto på att jag gör ett bra jobb med ormarna. Vill du testa att se om du lyckas med parning och att få ungar, men ändå inte vill ha två ormar att ta hand om? Då kan du samarbeta med någon som har samma art fast av motsatt kön. Det som brukar vara mest framgångsrikt är om hanen flyttar in till honan.
Har du redan en orm och bestämmer dig för att skaffa en till ska du vara försiktig så att du inte råkar få med dig ohyra, oavsett om den nya ormen ska bo ihop med den du redan har eller om den ska få eget boende. (Blanda aldrig olika arter i samma terrarium, det innebär alltid onödig stress och risker för minst en av ormarna.)

Ha alltid den nya ormen i karantän ett tag efter inköp, gärna i ett annat rum om det är möjligt. En period på tre månader i karantän kommer du långt med. Ormar i karantän kan också få ett vettigt inrett boende. Det viktiga är att den nya ormens boende är avskilt från andra ormars terrarium.
Den vanligaste anledningen till karantän är att man inte vill få in ormkvalster hos sina husdjur. Ormkvalster är ett litet gissel i hobbyn och det är inget som du vill att dina ormar ska drabbas av. Det är ytterst smittsamt, tar du in en orm med ormkvalster till dina befintliga husdjur sprider sig dessa kryp fort till alla ormar i ditt hem.

När du sköter om dina ormar ska du alltid avsluta skötselrundan med den nya ormen och du bör vara noga med hygienen. Använd helst inte samma verktyg (ormkrok/fodertång) till den nya ormen som du använder till de andra ormarna. Har du bara en uppsättning av krokar och tänger, tvätta av dessa om du använt dem för att sköta ditt nya husdjur. Diskmedel och hett vatten brukar jag använda, spola bort eventuella kvalster. Då minskar du risken att föra över eventuell smitta till de övriga ormarna i hemmet. Låt den nya ormen vara i ett enkelt inrett terrarium med vattenskål, gömställe och tidningspapper på botten istället för bottensubstrat. Mer om ormkvalster hittar du på sidan 30.

Som du säkert har sett så skriver jag ut de vetenskapliga namnen på de olika arterna.
Dessa kallades förr för latinska namn och används inom terrariehobbyn för att alla ska vara säkra på vilken art diskussioner eller annonser avser. De vanliga namnen kallas för populärnamn och där kan ibland finnas viss förvirring.
En art har alltid bara ett vetenskapligt namn.
Vi kan ta vår svenska snok som har det vetenskapliga namnet *Natrix natrix* som exempel. Populärnamnen hos snoken är flera. Många säger snok, men den kan även kallas vattensnok, stinksnok eller tomtsnok. Genom att använda det vetenskapliga namnet säkerställer man att alla pratar om samma art. I USA finns det också vattensnokar, men det är då helt andra arter.

Ett annat exempel är ”copperhead”. I USA är copperhead en inhemsk art, *Agkistrodon contortrix*, och Australien har ett släkte av ormar som de kallar copperhead. För att göra förvirringen total finns det ormarter som saknar svenska namn.

På bild en *Trimeresurus insularis*, en art utan svenskt populärnamn. Denna fantastiskt vackra blåa orm är en sorts palmhuggorm och har sitt ursprung i Indonesien.

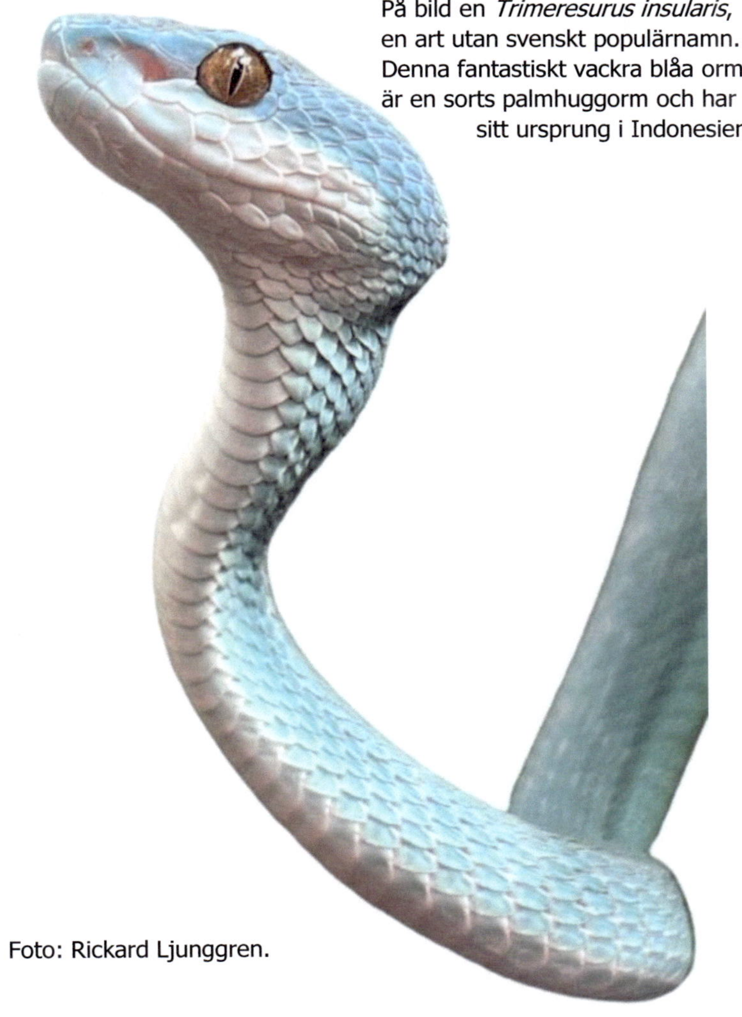

Foto: Rickard Ljunggren.

5. Morpher

Ska du ha en majsorm eller en kungspyton finns det en mängd olika så kallade morpher att välja på. Morpher finns inom många av de vanligaste arterna, men hos just majsorm och kungspyton finns det ett nästan oändligt antal varianter att välja på. Vad är då en morph? Morph handlar helt enkelt om utseendet hos en individ, exempelvis att ormen är någon variant av albino. Termen syftar på alla djur som uppvisar ett utseende som är annorlunda än samma art vanligtvis har i naturen. Morpher gäller sådant som förändring i färg, mönster och/eller teckning hos ormarna. Varje morph har sitt eget namn och utseende. Vissa av dessa framavlade förändringarna (morpherna) är ärftliga, andra är det inte. De ormar som har samma utseende som de ursprungligen har i naturen kallas för normal eller viltfärgade. Morpher förekommer i naturen, men där är det mycket ovanligare än i hobbyn. En del föredrar ormar som ser ut som de brukar göra i naturen, medan andra föredrar selektivt framavlade utseenden hos sina ormar. Det ena är inte mer rätt än det andra, det är bara olika intresseområden inom samma hobby.

Foto: Suzanne Petersson. En kungspytonhona av morphen queenbee enchi. Jag har själv aldrig intresserat mig för denna delen av hobbyn och kan relativt lite om det. De som är kunniga kan genom att snabbt titta på en orm avgöra vad morphen heter och hur den är framavlad.

Den selektiva aveln med majsormar har pågått i många år. Numera finns det en otrolig mängd olika färger och mönster på majsormar.

Foto: Carina Edqvist-Berglund. En hypo-melanistisk majsorm.

Foto: Carina Edqvist-Berglund. En majsorm av morphen pewter.

Foto: Carina Edqvist-Berglund. En majsorm av morphen Miami phase motley.

6. Är din blivande orm frisk?

När du nu bestämt dig vad du ska skaffa för art av orm är det dags att bestämma vilken individ som ska flytta in. Du vill ha en frisk och felfri orm och genom att inspektera ormen du vill köpa kommer du ofta rätt långt. Mer om sjukdomar hittar du i kapitel 17 och mer om ömsning i kapitel 14.

Välj en orm som ser kraftig ut och som verkar vara "vid gott hull". Undvik ormar som är tunna och som har en vass rygg där man kan se ryggraden sticka upp som en linje högst upp. Risken är stor att en mager orm inte är frisk eller inte fungerar med maten. Rygglinjen skall vara rak och fri från knölar, låt ormen glida mellan dina fingrar samtidigt som du känner efter ojämnheter längs ryggraden.
Ormen ska verka ha god styrka och röra sig naturligt i dina händer. Orkar den hålla sig fast i dina fingrar eller i din hand? Ifall ormen känns kraftlös är det inte ett bra köp Verkar den slö eller är det nästan som att hålla ett livlöst skosnöre? Leta vidare!

Titta runt mun och näsöppningar på ormen.
Om det bubblar eller rinner när ormen andas kan den vara förkyld eller ha andra luftvägsproblem. Lyssna om det väser när den andas, detta har ofta samma orsaker. Mycket smuts från bottensubstrat i munnen kan också vara ett tecken på förkylning eller annat hälsobekymmer. Köp inte en orm som väser eller har munnen full av smuts. Det blir en osäker start på den nya hobbyn att få hem en förkyld orm. Har du redan en orm som är förkyld, låt den bo ett tag i något torrare miljö med tidningspapper som bottensubstrat. Se till så att värmen i boendet ligger i det övre spannet för vad arten kräver i sin miljö och säkerställ att ormen inte utsätts för drag. Hoppas sedan på att ormens immunförsvar tar hand om förkylningen, men håll uppsikt! Blir ormen inte bättre, kontakta veterinär för rådgivning. Är det en kraftigare förkylning och det rinner vätska ur näshålor och mun, bör du ta ormen till veterinär. Om ormen inte behandlas slutar det ofta med att ormen får lunginflammation och dör.

Om en orm har munnen öppen ofta kan det bero på ormröta, sårigheter och inflammation i munnen. Misstänker du att ormen du vill köpa har munröta, leta vidare efter ett friskt exemplar. En orm med munröta bör träffa en veterinär, ormar dör rätt ofta av detta om det inte behandlas.
Ser du tungan gå ut och in emellanåt? Om inte, avstå köp. Ormen ska verka vaken och intresserad av sin omgivning. Det är den om den sticker ut sin tunga och spelar med den i luften. Ormen sticker ut tungan för att fånga upp doftmolekyler som kan ge ormen viktig information om den närmaste omgivningen. Detta gör alla friska ormar.

Titta hur kloaköppningen ser ut. Den hittar du på ormens undersida, längst bak på kroppen, precis innan svansen börjar.

Ormen ska vara ren och fin runt kloaköppningen, inte röd, svullen eller irriterad. En orm som är vitkladdig runt kloaken kan ha mag- eller tarmproblem.
Köp inte en orm som ser ut att ha problem kring kloaken, det slutar med veterinärbesök eller värre.

Kloaken ser ut som ett lite rejälare fjäll, nästan som en stängd lucka.

Foto: Rickard Ljunggren.

Om ett eller bägge ögonen ser grumliga eller svullna ut kan det bero på ögoninfektion. Även här bör du kontakta veterinär, för diagnos och eventuell hjälp.

Foto: Rickard Ljunggren. En *Vipera ammodytes meridionalis* med pigga och friska ögon.

Ta nu bara inte fel på en orm som ska ömsa och en orm med ögoninfektion! När ormen gör sig redo för att ömsa blir ögonen mjölkiga och ofta blåaktiga, på grund av ömsvätskan som finns mellan det gamla hudlagret och det nya som ligger under. Hela ormen har samtidigt tappat lyster och ser lite mjölkig eller matt ut beroende på vilken färg ormen har. Detta grumliga utseende klarnar sedan upp innan ormen ska ömsa. Många som är nya i hobbyn tror att ormen redan ömsat när den åter blivit klar i färgerna och man inte kan hitta det ömsade skinnet någonstans. När en orm ömsar skinn börjar den från munnen och jobbar sig bakåt längs kroppen. Helst ska skinnet komma av i ett helt stycke, ungefär som när du tar av dig en strumpa. Ömsar ormen i små stycken och bitar blir kvar, har du antagligen för torr miljö för ormen. Många höjer fuktigheten i terrariet när de märker att ormen är på gång att ömsa, medan jag försöker att ha vettig luftfuktighet hela tiden. Skulle ormen ömsa i smådelar och vissa bitar sitta kvar, bada ormen i ljummet vatten. Låt sedan ormen ringla mellan dina händer medan du bjuder lite motstånd, alternativt låt ormen ringla genom en frottéhandduk.

Man kan även få problem med att ormen blir förstoppad. Nu är det kanske inte vanligt att man råkar köpa en förstoppad orm, men om problemet skulle uppstå och ormen verkar ha slutat bajsa, bada den ett tag i ljummet vatten. Förstoppning kan bero på för kall livsmiljö för ormen. Bada ormen i lagom djupt vatten, ormen ska ligga i blöt men inte behöva kämpa för att hålla sig flytande. Oavsett varför du badar din orm, håll koll så att inte vattnet tappar för mycket i temperatur och din orm blir nedkyld.

Foto:
Rickard Ljunggren.

Mandarinråttsnok, *Euprepiophis mandarinus*, från Kinas bergstrakter. En lika trevlig orm som majsormen enligt mig, men blir inte lika stor. Har andra krav på miljö än många andra ormar i hobbyn och vill inte ha det lika varmt. Arten är lite ovanligare i hobbyn och kommer med en lite högre prislapp.

7. Ormkvalster

Ormkvalster är reptilhobbyns stora gissel. Många tar fel på ormkvalster och de små kryp (hoppstjärtar) som man ibland hittar på ytan i vattenskålen. Ormkvalster badar inte, de drunknar i vatten. Ormkvalster sitter antingen fast på ormen eller vandrar i sakta mak på ormen. De ser ut som små knoppar tycker jag. Hittar du kryp på ormen eller i terrariet, fråga någon kunnig om vad det är du har hittat för något.

Att köpa en orm som har ormkvalster är att skaffa sig problem. Ormkvalster lever av att suga blod från ormen. Det är mycket viktigt att behandla kvalsterangrepp vid upptäckt. Angreppet ger ormen blodbrist, framförallt mindre ormar kan dö av detta. Min bild är att risken för att få ormkvalster ökar om du köper en orm som bytt ägare många gånger. Ägare som köper/tröttnar/säljer på löpande band är kanske inte alltid lika noggranna och engagerade i sitt sätt att ta hand om sina husdjur? Ofta kanske det passerar många olika ormar och karantänen är obefintlig? Det händer även att djuraffärer får bekymmer med kvalster så det är ingen garanti mot kvalster att handla i butik. Sist, men inte minst, så kan man råka köpa en orm med kvalster för att man har otur. Även seriösa uppfödare kan få in ormkvalster ibland då kvalster kan spridas på reptilmässor och från person till person.

En orm som badar och ligger i blöt i vattenskålen väldigt ofta kan vara en tidig varningssignal då det ofta är ett tecken på att ormen har fått kvalster. Ofta är det ett tecken på att ormen har fått kvalster. Vissa ormar blir lite mera aggressiva och mindre benägna att äta, antagligen på grund av stressen från parasitangreppet. Sök igenom vattenskålen efter kvalster om din orm badar mycket. Ser du små runda knoppar som flyter i vattnet kan det vara kvalster som drunknat.

Ibland kan ormen vara fri från kvalster, men ha kvalsterägg under fjällen. Då kommer kvalsterutbrottet efter ett tag i din ägo. Har du ormar sedan tidigare och tar hem en ny orm, slarva inte med karantänen.
Ormkvalster finns inte i svensk natur. Du kan aldrig få med det hem med stenar, grenar, löv eller annat som du har hämtat i naturen och använder som inredning i terrariet.

Det är inte alltid lätt att se dessa kvalster vandra runt på ormen, som små svarta bruna eller röda "knoppar". Kvalster sätter sig gärna runt ögon, i mungipor och under hakan så dessa ställen på ormen är bra att kolla vid misstanke om kvalsterangrepp.

Skulle du mot förmodan få kvalsterangrepp är mitt råd att rådfråga någon som varit i hobbyn i många år och kanske även en veterinär.
Jag väljer att inte skriva så mycket om arbetet med att utrota ett kvalsterangrepp.
Metoder och namn på de medel man använder sig av ändras med tiden, tillvägagångssätt beror på många olika faktorer.
Det räcker inte att bara behandla ormen, det finns kvalster i terrariet och kanske även i rummet.

Foto: Smilla West
Ormkvalster på kungspyton och grön trädpyton, *Morelia viridis.*

8. Behöver du tillstånd?

Det kan hända att du behöver tillstånd för att få ha ormar som husdjur i ditt hem. Det beror på vilken kommun du och ormen bor i då varje kommun har sina egna regler. Fler och fler kommuner slopar helt kravet på tillstånd, andra kräver enbart tillstånd om man vill ha giftorm medan vissa kräver tillstånd för alla ormarter. Villkoren skiljer sig mellan kommunerna och så även kostnaden för ett tillstånd. Antagligen finns det lika många varianter på tillstånd som det finns kommuner i Sverige. Information om vad som gäller för just din kommun hittar du oftast på kommunens hemsida.

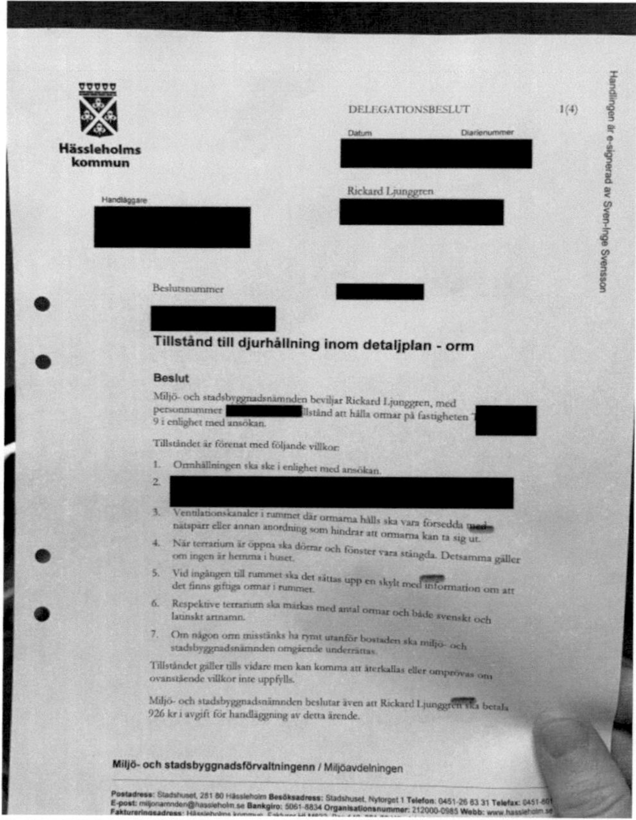

Hässleholms kommun

DELEGATIONSBESLUT 1(4)

Datum Diarienummer

Handläggare

Rickard Ljunggren

Beslutsnummer

Handlingen är e-signerad av Sven-Inge Svensson

Tillstånd till djurhållning inom detaljplan - orm

Beslut

Miljö- och stadsbyggnadsnämnden beviljar Rickard Ljunggren, med personnummer llstånd att hålla ormar på fastigheten 9 i enlighet med ansökan.

Tillståndet är förenat med följande villkor:

1. Ormhållningen ska ske i enlighet med ansökan.
2.
3. Ventilationskanaler i rummet där ormarna hålls ska vara försedda med nätspärr eller annan anordning som hindrar att ormarna kan ta sig ut.
4. När terrarium är öppna ska dörrar och fönster vara stängda. Detsamma gäller om ingen är hemma i huset.
5. Vid ingången till rummet ska det sättas upp en skylt med information om att det finns giftiga ormar i rummet.
6. Respektive terrarium ska märkas med antal ormar och både svenskt och latinskt artnamn.
7. Om någon orm misstänks ha rymt utanför bostaden ska miljö- och stadsbyggnadsnämnden omgående underrättas.

Tillståndet gäller tills vidare men kan komma att återkallas eller omprövas om ovanstående villkor inte uppfylls.

Miljö- och stadsbyggnadsnämnden beslutar även att Rickard Ljunggren ska betala 926 kr i avgift för handläggning av detta ärende.

Miljö- och stadsbyggnadsförvaltningenn / Miljöavdelningen

Postadress: Stadshuset, 281 80 Hässleholm **Besöksadress:** Stadshuset, Nytorget 1 **Telefon:** 0451-26 83 31 **Telefax:** 0451-
E-post: miljonamnden@hassleholm.se **Bankgiro:** 5061-8834 **Organisationsnummer:** 212000-0985 **Webb:** www.hassleholm.se

Foto: Rickard Ljunggren. Mitt tillstånd får agera exempel i boken. En del slarvar med tillstånd, men det är inte ett alternativ för mig.

9. Terrarium

Det är viktigt att du väljer en ormart som du har plats för Det kan vara lockande med större arter, men du behöver planera så att du fortfarande har gott om plats för din orm när den är fullvuxen. På Jordbruksverkets hemsida hittar du information om deras krav på utrymme för olika ormar. Jag brukar enkelt tänka att marklevande ormar ska ha ett terrarium som är minst lika brett som ormen är lång och minst halva ormens längd på djupet och höjden. Det betyder att ifall ormen är en meter lång ska terrariet vara minst en meter brett, en halv meter djupt och en halv meter högt. Är ormarna däremot trädlevande bör man öka på höjden. Är det ormar som är rätt grova, såsom exempelvis en kungsboa, skulle jag välja att ha ett större djup på terrariet så att ormen inte får det trångt. Har du fler än en orm i ditt terrarium får du ytterligare öka boytan. Tänk detta som minimimått, ormens terrarium kan vara hur stort som helst. Ta en titt på Jordbruksverkets hemsida med regler kring storlek på husdjurs boende innan du skaffar terrarium, så blir det rätt från början.

Ditt terrarium ska vara just ett terrarium. Även om du har ett akvarium liggandes eller kan få ett akvarium gratis så är det inte en bra idé att använda detta. Du sparar kanske pengar, men ett akvarium är inte avsett för ormar. Dels saknar akvarium vanligtvis ett tak och du får försöka snickra ihop ett hemmabyggt lock, men framförallt saknar ett akvarium ventilation. Alla terrarier har ventilation på minst en sida, plus skjutglas som även ventilerar. Ett akvarium är naturligtvis helt lufttätt, det ska ju innehålla vatten och fisk.

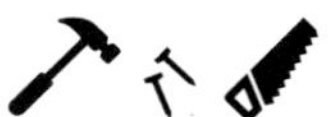

Man kan bygga sitt terrarium själv, men mitt råd är att du inte gör detta när du är helt ny i hobbyn. Många med hemmabyggen har haft ormar som rymt då ormar kan tränga sig ut genom överraskande små hål och springor. Köper du ett terrarium slipper du dessutom fundera på om ventilationen är tillräcklig och lagom. Vill du spara pengar, köp istället ett begagnat terrarium. Förutom på forum för vår hobby så hittar du en del på Blocket. Se dock till att städa ordentligt innan du börjar inreda. Jag använder diskmedel, trädgårdsslang och diskborste. Både ormkvalster och ägg från dessa kan följa med ett slarvigt rengjort terrarium.

Ibland läser jag tips om att man inte ska ha för stort utrymme till ormar för att de då kan bli oroliga och inte vilja äta. Jag anser att detta tips är fel. Naturen är oändligt stor om man jämför med ett terrarium och ormarna i naturen lyckas äta. Mitt tips är att skaffa ett rätt stort terrarium även om du köpt en liten unge. Då slipper du byta terrarium efter hand som din orm växer. Du sparar antagligen pengar och arbete på detta tips och ormen slipper en flytt som kan oroa.

Foto: Rickard Ljunggren. I detta terrarium bor en liten palmhuggorm, *Trimeresurus albolabris*, som kan bo kvar hela livet. Hon äter bra och allt fungerar trots att terrariet är riktigt stort i förhållande till ormens minimikrav på utrymme.

Foto: Rickard Ljunggren. Tänk på att den där lilla ormen du skaffar dig blir större. De går dessutom rätt fort! På bilden en kungspyton av morphen ”super pastel fire”.

Glöm inte att titta på mellanrummet mellan skjutglasen. Finns det risk för att din orm kan tränga sig emellan? Risken för detta kan vara större om du köpt ett stort terrarium till en orm som fortfarande är liten. De gånger jag ser att risken finns så brukar jag köpa tätningslist till fönster och sätta på ena glasskivan. Denna list kan jag sedan enkelt ta bort när ormen vuxit i kapp sitt boende.

Foto: Rickard Ljunggren. Ett terrarium med två ormar som skulle kunna pressa sig mellan skjutglasen. När de är fullvuxna kan jag ta bort den ditklistrade listen igen. Gummilister finns i bygghandeln.

Lås på ditt terrarium är alltid bra att ha, även om du har en ofarlig art och även om risken för att obehöriga ska öppna är obefintlig. För mig är låset en del av en bra rutin. Jag avslutar alltid med att låsa och då vet jag att jag skjutit de två glasen i ändläge och inte slarvat. Det är mindre arbete att låsa varje gång än att genomsöka hela ditt hem efter en orm på rymmen. De kommuner som kräver tillstånd för att man ska få ha orm har dessutom ofta kravet att ormen ska förvaras i ett låst utrymme.

10. Ljus och värme

Belysningen ska alltid efterlikna din orms naturliga förhållanden. Jag använder alltid timer till mina terrarier, så att det blir dag och natt vid samma tidpunkt varje dag. De timers som finns idag som du styr via en app i telefonen är en klar förbättring mot de jag använde förr. Timern har jag även kopplat till värmekällorna så att ormen får en naturlig sänkning av temperaturen när natten kommer. Det brukar bli lagom belysning om du använder dig av en armatur som är ungefär lika bred som terrariet. Glödlampa eller lysrör är en smaksak, det ena är nog inte bättre eller sämre än det andra.

Jag brukar tina ormfoder i en plastpåse, uppe på lysrörsarmaturerna. I takt med att alla ljuskällor ersätts med lågenergi fungerar detta sämre, lågenergilampor avger för lite värme. Att tina på värmelampan blir inte bra då dessa blir för varma och maten riskerar att bli förstörd.

Jag föredrar värmelampor framför värmemattor, men värmemattor behöver inte vara fel. Min tanke är att det mest naturliga för ormen är att de solar för att värma sig. Värmen kommer då uppifrån precis som solljuset. Med detta sagt, placera inte ditt terrarium i direkt solljus. En solig dag i juli kan det i värsta fall bli ruskigt varmt innanför glaset. Väljer du värmelampa, så är det vanliga en lampa på 50w. Har du ett mindre terrarium får du ha en svagare lampa och har du ett väldigt stort terrarium får du ha en starkare lampa.

Använder du värmematta, kontrollera hur varm mattan blir innan ormen flyttar in. Bränner du handen så bränner ormen också sig. En dimmer kan vara bra att använda om du väljer att använda dig av en värmematta. Det bästa är om ormen inte kan komma i direkt kontakt med mattan. En del sätter värmemattan under bottenskivan på terrariet men är bottenskivan av glas finns risken att glaset spricker förr eller senare. De gånger jag använt värmematta har jag ofta haft denna inne i terrariet med en skiva klinkers ovanpå som dämpar och jämnar ut temperaturen.

Oavsett hur du skapar den varma punkten i ditt terrarium, bör du mäta temperaturen både på den kalla och den varma sidan innan hyresgästen flyttar in.

Ormar är växelvarma, det som förr kallades kallblodiga. De alstrar inte egen kroppsvärme som du och jag gör. Detta gör att ormar sparar mycket energi och behöver äta mera sällan än vad vi gör. Nackdelen är att en nerkyld orm inte fungerar så bra. De blir tröga och långsamma och blir de ännu kallare börjar matsmältningen fungera dåligt. Ormen ska kunna förflytta sig i terrariet och därigenom söka värme eller kyla. Ormar är beroende av att kunna förflytta sig till en miljö som fyller det aktuella behovet av temperatur. På nätet hittar du information (skötselråd) om vad din orm har för temperaturbehov. Detta anges exempelvis som 24–28 grader, vilket innebär att ditt mål är att det ska vara 28 grader på terrariets varma punkt och 24 grader på motsatt sida. Därför ska du placera värmelampan/värmemattan vid ena sidan av terrariet, aldrig i mitten.

Foto: Rickard Ljunggren.

Installera aldrig värmelampor utan skydd inne i terrariet! Risken för att ormen förr eller senare bränner sig när den söker värme är stor. Har ditt terrarium nättak kan du ha värmelampan i armatur på utsidan. Sätter du en värmelampa direkt uppe på en glasskiva sprids värmen dåligt ner i terrariet och glaset riskerar även att spricka. Se till så att lamparmaturen tål den värme som lampan avger, i annat fall kan armaturen börja smälta och i värsta fall kan det börja brinna. Det finns speciella armaturer för värmelampor att köpa och mitt råd är att köpa en sådan. Dessa hittar du på reptilmässor och i alla djuraffärer som även vänder sig till reptilintresserade. Sätter du lampan inne i terrariet, köp en korg avsedd för att hålla orm och lampa en bit ifrån varandra (se bild).

UV-ljus

Man tror att ormar utvecklades ur grävande ödlor som levde under marken, benen behövdes inte till ett liv under markytan utan de var mestadels i vägen. Med hjälp av evolutionen tillbakabildades därför benen och till slut försvann de helt. Ännu idag söker ormar gärna skydd i håligheter och liknande gömställen och därför är det viktigt att din orm har gott om sådana i sitt terrarium. Ormarna kom på grund av sitt levnadssätt inte lika mycket i kontakt med solljus som sköldpaddor och dagaktiva ödlor. Detta gör att ormar lever, växer och förökar sig alldeles utmärkt utan tillgång till UV-ljus i terrariet. Att ändå ha UV-ljus är naturligtvis inte en nackdel, man vill ju att miljön i terrariet ska vara lik den miljö som ormen hade haft i sitt vilda tillstånd. Det finns speciella UV-lampor eller lysrör anpassade för just ormar eftersom dessa inte kräver lika intensivt solljus som andra reptiler. UV-ljus ökar ormens välbefinnande och minskar risken för D-vitaminbrist med kalkbristsjukdomar som följd. Solljus eller UV-ljus kan även ha en positiv inverkan på ormars matsmältning. Kom ihåg att sol som skiner genom glas innehåller i stort sett inga UV-strålar alls.

När alla ljus- och värmekällor är inkopplade är det dags att börja mäta temperaturer i terrariet. Är det lagom svalt på kalla delen? Hur varmt är det i den varmaste delen av terrariet? Stämmer de bägge temperaturerna med din orms behov? Om din orm nästan alltid befinner sig vid värmekällan är det kanske lite för svalt i terrariet. Om den alltid är så långt från värmemattor och värmelampor den kan komma, kan det vara för varmt. Badar ormen väldigt mycket behöver det inte bero på att den fått ormkvalster, det kan även vara så att den bor för varmt och försöker svalka sig. Tänk på att du behöver mäta temperaturerna flera gånger om året då de svenska årstiderna kan påverka klimatet i ditt terrarium. En del använder dimmer till värmekällorna för att kunna finjustera temperaturerna, ett annat sätt kan vara att laborera med antalet timmar per dygn som värmekällan är påslagen. Jag stänger alltid av värmekällorna på natten så att det blir en naturlig sänkning av värmen när solen går ner och det blir mörkt. Det fungerar bra hos mig, men behöver inte vara en bra idé hos dig. Jag har ett speciellt ormrum fyllt med terrarier. Hela rummet värms till över normal rumstemperatur och blir gradvis varmare under dagen med hjälp av alla värmelampor som skapar en solig plats i varje terrarium. När jag släcker blir det gradvis kallare igen, för att vara som kallast i gryningen innan "solen" går upp igen.

11. I terrariet

Bottensubstrat

Det första som ska in i terrariet bör ju vara bottensubstratet, "marken" i terrariet. Det finns en hel del olika varianter att välja på som säljs för att användas i terrarier, ofta gjort på exempelvis barkflis, spån eller liknande. En del använder ogödslad jord och själv använder jag alltid ogödslad torv. Torven (eller jorden) kan köpas i säckar i vanliga blomsterhandeln. Ett billigare alternativ än det substrat du köper i djuraffär, dessutom går det att plantera i. En del tycker att barken eller kokosfibern från djuraffären är snyggare och då köper man det istället. Ett rikligt lager bottensubstrat hjälper till att hålla en vettig luftfuktighet, utan att det blir geggigt för ormen att vistas i. Ormar ska inte hållas på för vått underlag. De kan då få infektioner på magen, som bukröta (se sidan 65). Jag brukar ha ett 8–10 cm tjockt lager med bottensubstrat för då kan torven hålla en del fukt samtidigt som det går bra att plantera växter i terrariet. När bottensubstratet är på plats är det äntligen dags att börja inreda vilket är ett skapande som jag brukar tycka är rätt roligt. Substratet brukar jag byta när det börjar se torrsprucket och smutsigt ut. Glöm inte att plocka bort bajs efter hand! Jag använder en vanlig leksakspade till både byte av substrat och bajsplockning, norpad från barnens sandlåda.

Vatten

Börja med att placera vattenskålen efter att du har fått bottensubstratet på plats. Denna brukar jag placera någonstans i framkant på den svala delen av terrariet så att det är lätt att komma åt den när vattnet ska bytas. Skålen ska vara rejäl och stadig, ormen ska inte kunna välta den så det är bra med en skål med lite tyngd i. Den ska även vara lätt att rengöra. En del köper vattenskålar avsedda för terrarier, andra använder vattenskålar som egentligen är till för hund eller katt och ytterligare andra använder matlådor av glas eller liknande. Inget är mer rätt eller fel än något annat utan välj det som passar ditt terrarium och din plånbok. Men snåla inte med storleken. En rejäl skål hjälper till att hålla miljön fuktig och en bra måttstock brukar vara att ormen ska få plats att bada i vattenskålen då det händer att ormar väljer att ta sig ett dopp.

Det finns arter som inte vill dricka vatten ur en vattenskål. Istället vill de dricka regndroppar från terrariets växter och grenar eller från den egna kroppen. Mitt råd är att inte skaffa en sådan art som första orm, utan skaffa istället en vanligare art som gärna dricker ur vattenskål.

Ormar dricker rätt sällan men ska ändå alltid ha tillgång till friskt vatten. Dagliga vattenbyten är det bästa, men det räcker gott med 2–3 gånger per vecka. Glöm inte att diska ur skålen emellanåt! Har du fått gröna alger eller liknande krävs en rejäl rengöring för att dessa inte ska börja växa direkt efter påfyllning av vatten. Ha koll på skålen så att det alltid finns friskt vatten och var medveten om att ormar gärna bajsar i sin vattenskål! Diskmedel och kökssvamp eller diskborste räcker långt. Skulle detta inte räcka är det nog dags att byta skål. Vattenskålen kommer att bli kalkig på insidan och det ser lite tråkigt ut men är ingen fara för ormen. När jag fyller på vatten i skålarna överfyller jag alltid, så att bottensubstratet fuktas och växterna får vatten.

Växter?

Foto: Rickard Ljunggren. En palmhuggorm ligger bland gullrankor.

Jag har alltid levande växter i mina terrarier. Dels tycker jag att det är snyggt att skapa en naturlik miljö, dels hjälper växterna till att skvallra om när det börjar bli torrt i terrarierna. Gullranka, skvallerreva och monstera är exempel på billiga och lättskötta växter som klarar miljön i ett terrarium väl. För den som har lite grönare fingrar finns det gott om växter att köpa och vissa inreder så att det nästan ser ut som ett stycke djungel. Ett väl inrett terrarium är en prydnad i hemmet, precis som ett välskött akvarium! Vill man inte ha jobbet med växter finns det plastväxter till terrarium att köpa på reptilmässor och i vissa djuraffärer.
En del tycker att jag är lite tråkig med min gullranka, men för mig som inte har enormt gröna fingrar är det en perfekt växt i terrariet. Den överlever utan solljus och slokar tydligt när det är dags att vattna.

Inredning

Vår svenska natur är full av fantastisk inredning till ditt terrarium! Många tror att man måste behandla det man tar in från naturen för att inte riskera att få med något som skadar ormen eller gör den sjuk. Jag läser ofta råden att man ska torka saker i ugnen, sprita grenar eller hälla kokande vatten på allt från naturen som ska in i terrariet. Det finns inget i vår natur som kan vara en risk för din orm om det inte skulle vara så att du lyfter in en hel myrstack. Någon enstaka myra, gråsugga eller annat kryp gör ingenting. Det är till och med så att många planterar in en koloni gråsuggor i sina terrarier eftersom dessa hjälper till att hålla miljön i bottensubstratet frisk. Jag har plockat inredning från naturen i många år, aldrig behandlat något mer än att jag har borstat av jord med handen.

Ett lager torra löv på bottensubstratet gör att ditt terrarium genast ser mera naturligt ut. Lite små kvistar och stenar gör att intrycket blir ännu bättre. Självklart ska du ha lite stora grenar också då ormar ibland kan vilja lämna marken för att exempelvis komma närmre en värmelampa. Grenarna är dessutom bra för ormen att ringla mot när de ska ömsa. Låt fantasin flöda! Hittar du större barkbitar blir dessa bra gömställen, plantera lite mossa, sätt en torr tuva gräs. Låt fantasin flöda!

När det gäller att inreda ett terrarium är det viktigt att fylla utrymmet rätt väl, både markytan och delvis på höjden. Ormar trivs oftast inte på kala och tomma ytor. På sidan 34 och 35 hittar du exempel på inredda terrarier där all inredning förutom vattenskålen kommer från naturen.

Jag har inte snålat med inredning utan terrarierna är fulla av växter, grenar, löv och stenar. Där finns alltid gott om gömställen för ormen. På sidan 10 ser du ett av mina terrarier där en trädlevande art känner sig trygg tack vare att växterna erbjuder en plats som känns skyddad.

Gömställen

En orm behöver tillgång till gömställen i sin närhet. Jag brukar inreda så att det finns minst ett gömställe på den svala sidan och ett på den varma sidan. Gömställena försöker jag bygga och vinkla så att jag har möjlighet att se om ormen är där inuti, men att ormen ändå känner sig dold. Det finns grottor och liknande att köpa som är till för ändamålet och många köper barkbitar av kork på mässor eller i djuraffär. Jag bygger av stenar ibland, men ser till att vara säker på att ormarna inte kan rubba stenarna. Är det lite större ormar kan detta vara svårt och då använder jag istället bark från naturen och kombinerar detta med tätt planterade växter. Näver brukar hålla länge i terrarium.

Fuktgrotta?

En del ser till så att ett av gömställena i terrariet är extra fuktigt så att ormen kan vistas där när det är dags att ömsa. Man tar exempelvis en gammal kakburk, gör ett ingångshål och fyller burken med fuktig mossa. Det är inte fel att göra så, men jag brukar inte göra det. Att ha en fuktgrotta är inte fel, men jag tycker att mina ormar fungerar bra utan. Flera är dessutom trädlevande och tillbringar inte så mycket tid på botten av terrariet. Min tanke är att om ormen verkligen behöver ett extra fuktigt utrymme så är miljön i terrariet inte rätt anpassad. Jag brukar försöka hålla hela terrariet enligt artens krav på fuktighet och när det är dags för ormen att ömsa ökar jag på fuktigheten. Då slipper jag dessutom fula kakburkar i ett terrarium som för övrigt är inrett för att efterlikna naturen. Har din orm problem att ömsa i ett stycke kan en fuktgrotta vara ett bra komplement i miljön (mer om ömsning hittar du på sidan 32 och 57).

Foto: Rickard Ljunggren. En av mina majsormar tittar fram ur sitt gömställe. Stenarna är så pass stora och tunga att jag inte tror att han kan rubba sitt hustak.

Undvik

Undvik all inredning som kan skada ormen. Ormen lever hela sitt liv på en rätt begränsad yta och den kommer att vara överallt och upptäcka allt. Se upp så att inget i terrariet har vassa kanter som en orm kan skada eller skära sig på. Det är sällan det du hittar i naturen som har för vassa kanter, utan detta behöver du oftast bara tänka på om du själv har byggt eller förändrat något av det du använder som inredning. Bygger du en grotta av stenar måste du vara helt säker på att ormen inte kan välta stenarna och skada sig själv. Se till så att ingen inredning har hål som ormen kan riskera att fastna i när den försöker ringla sig igenom. Var säker på att det inte finns någon chans för en orm att klämmas fast någonstans och inte komma loss. Undvik även grenar av barrträd då dessa kan avge terpentin som är skadligt för ormen.

Alltid

Har du haft inredning ute, exempelvis lyft på en grotta för att hitta ormen eller diskat vattenskålen? Ställ alltid tillbaka grottan eller vattenskålen på samma ställe. Ormen känner till sin omgivning och hittar bra i sin hemmamiljö. Den lär sig var gömställena finns och var den hittar vatten. Att möblera om har samma effekt som en flytt, det skapar otrygghet ett tag. Plocka upp ormens avföring efter hand, ta ut öms och släng, slarva inte med fuktigheten i terrariet eller fräschheten på vattnet i vattenskålen. På vinterhalvåret ökar risken för att det blir torrt i ormens terrarium eftersom vi har ett torrare inomhusklimat när det är kallt ute. Behovet av tillskottsvärme kan också öka på vintern.

Sammanfattning

För att sammanfatta detta kapitel: ge dig ut i naturen och plocka inredning. Jag har alltid ett lager med torra löv och grenar i garaget. Torra löv är ju lite av en säsongsvara så jag fyller några papperspåsar när tillgång finns. Någon gång då och då ger jag mig ut för att plocka sten. Stenarna kan diskas av och återanvändas i all evighet, resten slänger jag när det börjar kännas ofräscht.

Du kommer att få tips om att du ska desinficera allt du hämtar i naturen eller att du ska hälla kokande vatten på dina fynd från skogen. Någon annan kommer säkert att tipsa om att allt från naturen ska in i ugnen. Detta ska du inte lyssna på! Hur ska levande växter som planteras i terrarium överleva 45 minuter i ugnen eller ett bad i kokande vatten? Är naturen desinficerad? Det är antagligen 30 år sedan jag kom hem med första pinnen från skogen och jag kan vittna om att inga problem uppstår trots att jag inte följt dessa tips som man får med jämna mellanrum.

12. Så fungerar en orm

Att ha en orm som husdjur är inte som att ha en hund eller en katt. Det är inte heller riktigt som att ha en fisk i akvarium som man naturligtvis aldrig kan ta upp och umgås med. Se ormen som ett mellanting mellan en hund och en akvariefisk.

En orm har inget behov av att umgås med dig, det är inte sociala djur som får ut något av att umgås med sin husse eller matte. Det ger inte ormen någonting om du försöker krama den eller klappa den. Jag ser hyfsat ofta bilder på nätet med någon som påstår sig gosa med sin majsorm eller sin kungspyton. För ägaren är det säkert mysigt och trevligt att ha en orm som ringlar sig mellan fingrarna medan man tittar på tv, men ormen delar inte synen på mysstunden med sin ägare. Det enda ormen kan få ut av att umgås med dig är att den kan dra nytta av din kroppsvärme. Förutom detta så trivs nog ormen tyvärr bäst om den får vara ifred i sitt terrarium. Det bästa för ormen är att få tillbringa den mesta tiden i sitt terrarium. Där finns det trygghet och en miljö som du har anpassat efter ormens behov.

Att ta ut ormen ibland är helt okej, det är ju ändå en av anledningarna till att du skaffat en orm. Jag har haft ormar i rätt många år och jag tar fortfarande ut en orm ibland för att "umgås" med den en kortare stund eller för att göra en snabb kontroll så att allt ser bra ut med ormens hälsa. Jag är dock helt medveten om att jag gör detta för att fylla ett behov hos mig, jag fyller inte på något vis något behov hos ormen. Mitt råd är att ta ut ormen någon gång då och då, men inte för ofta och absolut inte var eller varannan dag. Samtidigt så är en orm som är någorlunda van vid hantering lättare att handskas med när man behöver som till exempel vid storstädning eller hälsokontroll. Dessutom är det ju en rätt trevlig och speciell känsla att hålla i en orm och låta den sakta ringla sig fram. Ormen kommer att lukta på dig med sin tunga och du kommer att känna ormens muskler jobba när den rör sig.

Ormar saknar bröst- och bäckenben, fast hos vissa boa- och pytonormar finns det rester av bäcken som ser ut ungefär som ett par sporrar på undersidan av kroppen. Man brukar säga att ormars skelett bara har tre sorters ben, ben i kraniet, ryggkotor och revben. Käkarna sitter inte ihop som våra gör, de sitter ihop med elastiska band. Därför kan ormar öppna munnen väldigt mycket och svälja byten som är många gånger större än deras eget huvud. Eftersom ormar ofta fångar byten som är både större och bredare än de själva är kan det ta flera timmar att svälja det. Luftförsörjningen fungerar under tiden eftersom luftstrupen mynnar ut långt fram i underkäken och när ett bytesdjur ska passera skjuts denna förlängning fram en bit. Detta gör att maten inte kommer i vägen för andningen. Själva luftstrupen är omgiven av hårda broskringar så att den inte ska kunna tryckas ihop av bytesdjurets kropp. Av utrymmesskäl har de flesta ormar oftast endast en lunga, så att bytet inte hämmar andningen när det passerar på väg ner till magsäcken.

Ormarnas mun är formad så att de kan sträcka ut tungan utan att behöva öppna munnen och om man tittar noga ser man ett runt litet hål längst fram på munnen fastän den är stängd. Tungan, som åker ut och in ur munnen ofta, används till att lukta med. Ormars luktsinne är mycket välutvecklat och det är deras viktigaste sinnesorgan.

Ifall ormen hade behövt öppna munnen varje gång tungan skulle ut och vända hade ormen haft ett större behov av att dricka. Men eftersom ormar oftast har munnen stängd och inte kan svettas har de ett mindre behov av att fylla på vätska än vad vi människor har.

Foto: Rickard Ljunggren. Munnen på en majsorm.

Något som ofta är det första man reagerar på hos en orm är dess v-spetsade tunga som spelar. Tungan sticks ut under nosen och plockar upp doftpartiklar i luften och det sker oftare om ormen är orolig eller rädd. Vid hot kan det för ormen vara livsavgörande att analysera sin omgivning fort. När tungan åker tillbaka in i munnen förs tungspetsarna upp i gomtaket där ett organ kallat Jacobsonska organet finns. Detta organ analyserar doftpartiklarna och informationen förs sedan vidare till hjärnan. Ormens tunga är tvådelad för att den på bästa möjliga sätt ska ta upp doftpartiklar och för att den lättare ska uppfatta riktningen på det den känner doft av. Det Jacobsonska organet är också tvådelat och passar precis till tungspetsarna. Ormen har också en nos, men med den känner den inte dofter så bra.

Ormars syn och hörsel är inte lika välutvecklat som luktsinnet. Synen hos ormar varierar mellan arter på grund av deras olika livsstilar. En del dagaktiva arter har rätt bra syn men de flesta ormarna ser inte så bra. Ormar har inte ett lika välutvecklat färgseende som vi har och de ser former men inte detaljer.
Ormar saknar helt ytteröra och hörselgång. Rester av inneröra finns kvar men ormar hör mestadels det man kallar markbundna ljud, riktigt höga ljud och en del lågfrekventa luftburna ljud. Skriker du tillräckligt högt kan ormen höra dig, men då får du ta i och det är ju egentligen rätt meningslöst att stå och skrika på en orm. En normal samtalston skulle jag misstänka att ormen missar helt, men tänk däremot på att inte spela musik så att taket lyfter i det rum som ormen vistas i.
Om du får se klipp på nätet med en s.k. ormtjusare som spelar flöjt för en kobra så kan du vara säker på att ormen följer flöjtens rörelser, det är därför ormen "dansar". Att flöjten låter uppfattar inte ormen, för ormen är flöjten bara en pinne som någon viftar med.

Samtliga ormar är täckta av fjäll. Överhuden innehåller ämnet keratin, (samma ämne som i dina naglar) som bildar ett tätt och flexibelt hornskikt i form av fjäll. Fjällen bildar ett tunnare pansar som skyddar ormen mot skador av olika slag. Fjällen kan vara olika grova eller släta beroende på art, men bukfjällen ser alltid ungefär likadana ut
Ormarter kan variera väldigt mycket i färg och mönster. En del arter är väl kamouflerade och har samma färg som naturen de lever i. Marklevande ormar kan vara bruna som de torra löven de ligger bland och trädlevande ormar kan vara gröna som löven på trädet de lever i.

Detta är för att andra djur som kan vara ett hot inte ska upptäcka dem och för att bytesdjur inte ska se dem innan de råkat komma tillräckligt nära. Det finns även ormar som har motsatt taktik. Dessa är väldigt färgglada för att signalera att här är jag och jag är farlig! Starka färger som varningssignal använder även andra giftiga djur, exempelvis pilgiftsgrodor och getingar. Det finns även många ogiftiga ormar som utvecklat ett utseende som försöker efterlikna giftiga arter som finns inom samma område och ibland är det svårt att se skillnad på dessa. På fackspråk kallas detta "mimikry" och betyder ungefär "skyddande likhet". Det är en form av imitation där en art på något sätt härmar en annan arts utseende eller rörelsemönster. Vanligtvis är det frågan om att imitera en art som på något sätt är farligare än en själv, för att på så sätt avskräcka rovdjur.

Ormar är växelvarma, det man förr kallade kallblodiga. Det innebär att ormar saknar förmågan att producera kroppsvärme. Istället ändrar de sin kroppstemperatur genom att vid behov uppsöka värme eller kyla, ofta genom att söka efter sol eller skugga. En stor del av det du själv äter går åt till att hålla din kropp i lagom temperatur. Eftersom ormar inte använder energi till att hålla sig varma äter de väldigt mycket mera sällan än vad du och jag gör. Större pyton- och boaormar kan klara ett par år utan mat i extremfall.

Alla ormar är rovdjur och de sväljer sina byten hela. Alla ormar har saliv och matsmältningsvätskor som används för att bryta ner maten. Ormgift är modifierat saliv, en kombination av många olika proteiner och enzymer. Med hjälp av gifttänderna paralyserar eller dödar ormen bytet som annars kan smita iväg. Giftormar biter och släpper oftast direkt medan ogiftiga ormar håller fast bytet med bettet. Trädlevande giftormar håller gärna också fast bytet efter att hugget utdelats eftersom det annars kan bli svårt att hitta sitt dödade byte om det trillar ner på marken. De ormar som saknar gift förlitar sig ofta på att krama ihjäl sina byten, men det finns även arter som äter sina byten levande.
I terrariehobbyn är det vanligast förekommande med arter som biter tag i sitt byte och sedan kramar ihjäl det. Samtliga arter som kan räknas som riktigt vanliga i hobbyn får räknas till de som kramar sina byten.

13. Maten

Alla ormar är, som jag skrev i förra kapitlet, rovdjur och äter andra djur. Bytesdjuren varierar dock från art till art. Det kan vara insekter, reptiler, fisk, fågel, ägg, gnagare eller däggdjur av varierande storlek. Bland de ormar som hålls i terrarium är olika gnagare den vanligaste födan, oftast möss eller råttor. Större bytesdjur som kanin och marsvin ges till större boa- och pytonormar. Mitt råd är att skaffa en art som äter möss eller råttor då det är foder som brukar vara lättare att få tag på. Är du mera erfaren kan du börja titta på arter med lite mera speciella krav på födan.

Jordbruksverket har klargjort att ormar och andra reptiler inte bör matas med levande föda. Så här står det på Jordbruksverkets hemsida (våren 2023, texten kan ha ändrats när du läser denna bok):
"Det är inte tillåtet att använda levande djur som foder, eftersom djur som sväljs levande, kramas till döds eller dödas med gift dör på ett plågsamt sätt." Det finns dessutom en vinst för ormen med att mata med dött foder. Skaderisken uteblir, i naturen händer det att bytesdjuren lyckas skada ormen innan de går sitt öde till mötes.

Eftersom de flesta av de ormar som finns till salu i Sverige har ett ursprung där de i flera generationer bakåt är födda i fångenskap brukar det inte vara ett problem att mata med redan döda byten. Ibland kan vissa ormar "nappa bättre" om man med hjälp av en fodertång håller fram bytet nära ormens ansikte och kanske även vickar lite så att bytet rör på sig.

Mitt råd är att köpa fryst foder till ormarna. På reptilmässor brukar det vara vettiga priser och det är mindre jobb att ha ett lager i frysen än att föda upp möss och råttor själv. Jag brukar tina foder i stängd plastpåse för att musen eller råttan inte ska torka till. Dessutom slipper jag doften i hemmet, jag tycker inte att det luktar så gott med uppvärmda gnagare. Du kan även tina mindre foder i ett glas med varmt vatten. Ta det varmaste vatten du kan få från kranen, men du ska absolut inte värma vatten på spisen, i mikrovågsugnen eller liknande. Ormen ska inte ha kokt foder! Känn efter så att fodret känns genomvarmt så att du inte råkar kyla ner ormen genom att mata den.

En enkel regel när det gäller storlek på foder är att ormen vill ha byten som har samma "midjemått" som ormen själv har. Unga ormar som växer mycket äter oftare än redan fullvuxna djur. När det gäller unga ormar så brukar det vara dags att mata igen när ormen har smält födan och du hittar avföring i terrariet. En vuxen majsorm eller kungssnok brukar man mata två-tre gånger i månaden, en vuxen kungspyton kanske en gång i månaden. En hona som ska paras kan må bra av att ha lite extra hull. Ibland vill en gravid hona inte äta innan äggen är lagda och den lagrade näringen behövs.

Foto: Rickard Ljunggren. En något grafisk bild på en indonesisk vattenpyton, Liasis mackloti mackloti, som håller på att svälja en råtta.

När det är dags för ormen att ömsa bör du ta en paus med utfodringen för att öka chanserna för en lyckad ömsning. Direkt efter ömsning brukar det däremot vara ett bra tillfälle för matning.

Det finns väldigt många tjocka och övermatade ormar hemma hos folk. Syns alltid huden mellan fjällen så att ormen ser utspänd ut så har den fått för mycket mat. Att den är utspänd vid magsäcken när den är hyfsat nyäten är inget konstigt, men detta ska försvinna när maten är smält. Är ormen lite bulig på sidorna längst bak innan kloaken är den rejält överviktig. Att banta en orm tar väldigt lång tid så se till så att behovet aldrig uppstår.

Mata aldrig ormar tillsammans om du har mer än en orm i terrariet. Ta i så fall ut en av dom och stäng in i ett annat utrymme så att de kan få äta på varsitt håll. Risken finns att det blir kamp på liv och död om byte annars och det kan till och med sluta med att den ena ormen börjar svälja den andra. Ett undantag är om du har ormar som äter tärnad mat, exempelvis strumpebandssnokar. När jag hade ormar som åt tärnad fisk satte jag in en assiett i terrariet och alla åt tillsammans. Jag tärnade alltid fisken i så små bitar att ormarna fick in hela biten i munnen på en gång. Med större bitar mat finns risken att två ormar biter i samma tärning och sedan är dragkampen igång.

När din orm har ätit, låt den vara ifred några dagar och låt bli att hantera den om du inte är absolut tvungen. En orm med magen full av mat kan vara mera lättstressad och risken finns att den kräks upp maten. Ormar i naturen gör detta ibland, för att vara lättare i kroppen och snabbare kunna fly.

Om inte maten fungerar?

Först och främst så kan det ju vara så enkelt att din orm inte är hungrig eller vill äta just den dagen. Ibland vill ormar inte äta, utan att det finns någon direkt anledning. Vissa ormar är som soptunnor och äter gärna varje dag om dom hade fått, andra är inte lika tokiga i mat. Fundera även på om du kanske matar din orm för ofta.

En stressad orm kan matvägra. Stress kan bero på att livsmiljön inte är optimal, att ormen har en störande omgivning, att det är dags att ömsa eller att ormen hanteras för ofta.
Ofta har ormar bäst aptit på våren och sommaren, exempelvis kungspyton kan vara lite svårmatade på vintern. En orm klarar normalt ganska långa svältperioder så om din orm hoppar över maten vid ett par tillfällen är det absolut ingen anledning att drabbas av panik. För många år sedan hade jag en ettårig huggormssnok på rymmen i åtta månader i källaren (gammalt hus med stor källare). När vi hittade ormen var den vid god vigör, men mindre än sina syskon. Eftersom vi

duschade och hade tvättstuga i källaren hade den antagligen hittat vatten, men jag är väldigt tveksam till om den hittat någon mat. Försök att mata din matvägrande orm en gång i veckan eller något mera sällan. Ha inte panik, ormen klarar längre period utan mat än vad du tror. Att försöka oftare kan stressa ormen då den blir störd gång på gång.

Tips om ormen matvägrar:

Säkerställ att värme och fukt är rätt och att trygga gömställen finns.

Låt ormen vara ifred ett tag innan matning.

Tina upp maten i riktigt varmt vatten. Det varmaste du kan få från kranen (ca 60 grader), men inte vatten du värmer upp. Maten ska fortfarande vara rå.

Är ormen nyinflyttad eller på annat vis har fått stora förändringar i miljön den lever i, vänta gärna en eller två veckor med matning.

Prova med ett mindre byte än vanligt.

Mata vid en tidpunkt på dygnet som överensstämmer med ormens naturliga dygnsrytm. Låt bytet ligga kvar i terrariet över natten.

Mata med tång, stryk bytet lätt längs munnen på ormen. Du kan även testa att röra ormens svans med bytet, ibland kan det få ormen att hugga.

Mata i stängd plastback om ormen brukar få mat i terrariet, mata i terrariet om ormen brukar få mat i plastback. Testa att byta miljö helt enkelt.

Punktera hjärnan på bytet med en nål eller en spik. Doften kan locka ormen till att äta. Kanske inte det mysigaste tipset du läst, men ibland hjälper det.

Lyckas du inte med hjälp av något av dessa tips, rådfråga någon som har varit i hobbyn ett tag.

14. Ömsning

I samband med att ormar växer, ömsar de skinn. Skinnet blir för trångt och det slits ju dessutom en del när ormen ringlar sig fram i naturen. En vätska utsöndras mellan hudlagren för att de lättare ska kunna krypa ur det gamla skinnet. Unga ormar växer fortare och ömsar då oftare än vuxna ormar som bara ömsar några gånger om året. När ormar ska börja ömsa brukar de bli matta i färgen och få mjölkiga ögon. På många arter blir ögonen grumligt blåaktiga. Efter ett par dagar klarnar ormens färger igen, men den har ännu inte ömsat. Många som upplever sin orms första ömsning tror att ormen har ömsat, men ätit upp sitt ömsade skinn eftersom det inte går att hitta i terrariet. Vänta någon dag till så ska du se att du hittar ett ömsat skinn.

Låt alltid en orm som ska ömsa vara ifred. Att ta upp ormen i onödan kan sluta med en misslyckad ömsning. Av samma anledning ska du inte mata en orm som är på gång att ömsa. När de väl ömsar kryper de ur sitt gamla skinn med huvudet först och lämnar det gamla skinnet som en hel strumpa. Även skinnet på ormens tunga slits och ömsas. Ormar blir ofta mera skygga inför ömsning och de tillbringar mer tid än vanligt i sina gömställen. De har innan ömsning dubbla lager hud med en vätska emellan och eftersom de även ömsar huden utanpå ögonen så ser de sämre än vanligt. Detta kan skapa en viss otrygghet.

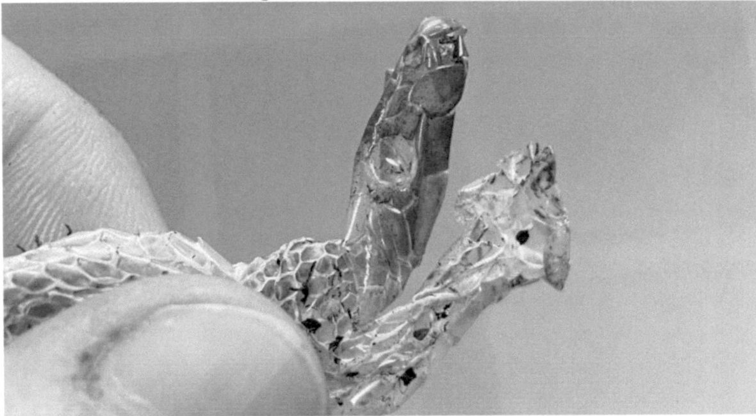

Foto: Rickard Ljunggren. Ett ömsat skinn där man tydligt kan se ormens öga.

Vill du öka chansen för en lyckad ömsning kan du lägga in den där kakburken i terrariet (se sidan 42). Men se till så att ingången du gjort inte har vassa kanter som ormen kan skära sig på. Ofta när jag gör hål till ingång eller lufthål i de plastbackar som ormarna ibland vistas i använder jag en lödkolv. Jag smälter hålen för då är jag säker på att det inte blir vassa kanter. Vissa plastlådor kan dessutom spricka när man försöker borra i dom. Fyll kakburken med fuktig mossa.
Har ormen behov av ökad fuktighet hittar den förhoppningsvis burken inom kort.

När det är dags för ormen att ömsa börjar den med att skrapa huvudet mot föremål som du har inrett terrariet med. Inom kort släpper huden runt nosen och ormen kan krypa ur skinnet med hjälp av rörelser som liknar hur en larv tar sig fram. Har du haft rätt miljö till din orm tar den av sig hela skinnet i ett stycke, ungefär som en tunn strumpa. Det ömsade skinnet är ungefär som ormens fingeravtryck där man ser alla fjäll och huvudplåtar. Hos flera arter ser man ormens mönster i det ömsade skinnet och det går rätt ofta att artbestämma ett ömsat skinn.

Foto: Rickard Ljunggren. Ett ömsat skinn från en sandhuggorm, *Vipera ammodytes meridionalis.* Artens sicksackmönster syns tydligt hos sandhuggormen och hos andra europeiska huggormar.

Om ormen ömsar i små bitar och en del bitar kanske sitter kvar på huvud eller kropp ska du antagligen se över fuktigheten i livsmiljön. Det kan vara så att du slarvat med fuktigheten ett tag men att den just nu är bra, eller att ormen fortsatt har det för torrt. Tillfälligt slarv med fuktigheten i samband med ömsning slutar tyvärr med en väldig massa små hudbitar att plocka upp i terrariet och kanske en orm som behöver hjälp med resterande ömsning. Kanske har ormen det för kallt? Har ormen alltid tillgång till friskt vatten? Du kan även fundera på om ormen är stressad? Tar du ut den för ofta eller i samband med ömsning? Finns det gott om trygga gömställen i terrariet eller ser det ut som en nyklippt golfgreen i ormens bostad?
Behöver du hjälpa ormen med ömsningen är det vanligaste sättet att man låter ormen bada i en balja med låsbart lock, exempelvis plastback med låsbart lock.
Har du köpt en billig plastback kan låsfunktionen vara slapp eller själva plasten lite mjuk och en större orm kan bända sig ut. Köp kvalité, det lönar sig. Tänk på att det måste finnas lufthål i plastbacken, ormen måste kunna andas där inne. Vattendjupet i plastbacken behöver inte vara mer än ungefär ormens tjocklek, det räcker för att mjuka upp skinnet då det blir rejält fuktigt i en plastburk med enstaka lufthål. Ormen ska absolut inte behöva jobba med att hålla sig flytande.

Foto: Rickard Ljunggren.

Låt ormen ligga i backen ett par timmar innan du tar upp den. Därefter är det lätt att med fingrarna plocka bort ömset, alternativt låta den ringla genom dina händer eller genom en frottéhandduk. Tänk på att vattnet bör vara lagom varmt och inom det temperaturspann som ormen vill leva i. Kallt vatten kan göra ormen sjuk, för varmt vatten kan avliva ormen. Ställ inte backen direkt på golvet, det svalnar fortare då. Håll koll på temperaturen med jämna mellanrum, byt vatten om det blivit för svalt.
En del mäter ömset i tron att man då får reda på hur lång ormen är. Ett ömsat skinn är något utsträckt, det är ungefär 25% längre än ormen är. Vill du veta hur lång din orm är måste du mäta ormen. Använd ett snöre som du låter följa ormens kropp, sedan kan du mäta hur lång bit av snöret som behövdes för att nå från huvud till svanstipp.

15. Att transportera ormar

Förr eller senare behöver du kanske transportera en orm? Du flyttar kanske eller ormen ska byta ägare? Eftersom ormar är experter på att rymma måste du transportera ditt husdjur på ett säkert sätt. Du vill inte ha en orm som gömt sig i bilen eller är på rymmen utanför hemmet.

Det absolut vanligaste är att transportera ormen i en frigolitlåda. Frigolitlådan isolerar och skyddar mot sommarens värme och vinterns kyla. Frigolitlådan ska naturligtvis ha ett lock, men du ska ändå "dubbelpacka" din orm.
Inuti frigolitlådan ska det finnas en plastback eller plastburk som du lägger ormen i och som den garanterat inte kan öppna. Saknas det låsfunktion ska du tejpa burken ett par varv. I ormens tillfälliga boende ska du gärna ha någon form av bottensubstrat ifall den ser resan som ett gyllene tillfälle att bajsa. Några varv hushållspapper eller alspån brukar fungera bra.
Självklart ska det finnas lufthål i plastbacken/plastburken. Du behöver däremot inte göra lufthål i frigolitlådan. Frigolitlådan ska ju isolera och se till så att ormen har det varmt och gott. Ska du åka väldigt långt kan du någon enstaka gång lyfta på locket lite kvickt.

Lägg gärna med en termometer så att du kan mäta temperaturen i frigolitlådan. Det finns så kallade heat-pack att köpa som avger värme i frigolitlådan. Använd dessa med förstånd, du vill ju inte att ormen ska avlida av värmeslag i frigolitlådan. Själv brukar jag lägga i en petflaska med vatten, det räcker ofta långt och det går ju att byta vatten om det skulle vara en riktigt lång resa. Tänk på att inte ta det varmaste vattnet från kranen då en flaska med för varmt vatten gör att ormen kan dö av överhettning. Lägg i värmekällan i frigolitlådan innan avresa, lägg på frigolitlocket och mät temperaturen innan ormen läggs i lådan.

Se till så att flaskan inte kan rulla runt och störa ormen, fyll ut med exempelvis en t-shirt så att allt ligger stilla i lådan. Självklart ska du ha lådan under ständig uppsikt under transporten. Märk gärna lådan med texten "Levande djur". Innehåller lådan dessutom ormar som är giftiga måste du märka lådan med varningstext om detta. Är det mitt i vintern och riktigt kallt ute brukar jag undvika transporter av ormar för säkerhets skull.

16. Orm på rymmen?

Ger du din orm möjlighet att rymma kommer den säkert att göra så! Vissa arter är värre än andra på att ständigt försöka hitta sätt att ta sig ur terrariet på, men du kan inte lita på någon orm. Slarvar du med att stänga skjutglaset eller lägger ormen i tillfällig förvaring som det går att rymma ifrån kommer du att få leta efter en orm som kan vara överraskande bra på att gömma sig.

Det första du ska göra om din orm rymt är att inte drabbas av panik. Ifall du har katt eller andra husdjur som kan vara farliga för ormen måste du se till så att dessa inte kan hjälpa till att med att leta efter förrymda ormar.
Det andra du ska göra är att se till så att dörrar och fönster är ordentligt stängda, du vill ju inte att din rymmare ska kunna lämna hemmet. Att ormar rymmer genom avlopp och toalettstolar får vi se som väldigt ovanligt, men det kan kännas bra att ha locket till toalettstolen nere och kanske ställa något på golvbrunnen om det finns möjlighet för en orm att ta sig ner.

Därefter börjar letandet. Börja med att leta inne i ormens terrarium. De flesta gånger jag har haft en orm på rymmen har det visat sig att ormen grävt ner sig i bottensubstratet och gömt sig där. Jag har mer än en gång i princip tömt ett terrarium innan jag hittat ormen.
Visar det sig att ormen inte finns att hitta i sitt terrarium är det dags att börja leta i resten av huset. Utgå alltid från att ormen inte tagit sig långt bort. Stäng innerdörrar som kan stängas och beta av ett rum i taget. Oftast hittar man ormen väldigt nära terrariet då ormen har tagit sig till första bästa skyddade plats. Den kan också ha sökt sig till värme och ligga bakom ett element eller under ett kylskåp. Vad finns det för varma och skyddade platser i hemmet? Allt som oftast så hittar man ormar på ställen som erbjuder extra värme, fuktigare miljö och/eller en skyddad plats.

Det är rätt mycket jobb att leta efter en orm på rymmen. De blir överraskande små när de ringlar ihop sig i trånga utrymmen och man får verkligen leta överallt. Har ormen grävt ner sig i en blomkruka? Finns den inne i en högtalare? Under kuddar i soffan? Bakom bokhyllan?

Finns det minsta springa kan de försvinna in i väggar och liknande och då har man lite större problem. Jag hade en gång en liten mandarinråttsnok som lyckades klämma in sig under golvlisten i det som då var vårt ormrum. Klinkergolvet var inte helt jämnt och listen låg inte ann mot golvet överallt. Det räckte för att jag skulle bli tvungen att hämta kofot och bända loss golvlisten.

Lyckas du inte hitta ormen, fortsätt då ha innerdörrarna stängda, särskilt till rummet som ormens terrarium finns i. Självklart måste fönster och ytterdörrar alltid vara stängda tills rymmaren är hemma igen. Vissa strör ut tunna strängar av mjöl på golvet för att se om ormen passerar och gör spår i mjölet. Vissa lägger ut en grotta med värmematta under och vattenskål utanför för att locka till sig ormen, man kan även lägga foder som luktar gott framför grottan.

Ha inte panik, ormar klarar sig utan mat länge och brukar komma i rörelse när de söker efter vatten. Har du en orm på rymmen måste hushållets medlemmar se sig för därhemma, tända i taket så att man inte råkar trampa på en liten orm, lyfta på soffkudden innan man sätter sig så att man inte mosar en liten rymmare etc.

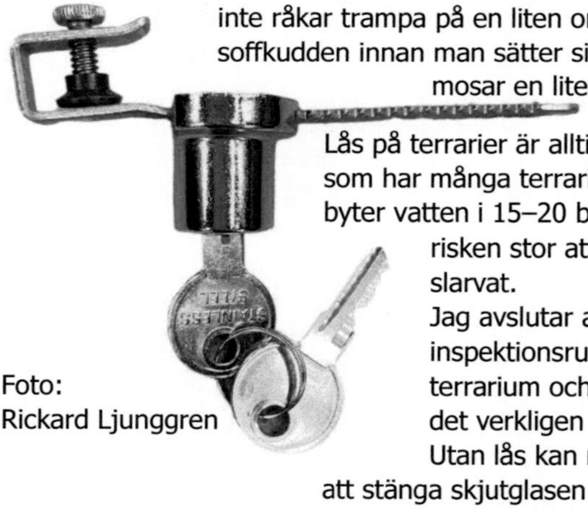

Lås på terrarier är alltid bra att ha. För mig som har många terrarier och ibland kanske byter vatten i 15–20 burkar samtidigt är risken stor att jag annars hade slarvat.
Jag avslutar alltid med en snabb inspektionsrunda, tittar på varje terrarium och dubbelkollar så att det verkligen blev låst.
Utan lås kan man råka slarva med att stänga skjutglasen helt, med lås märker du lättare om du råkat lämna en glipa. Rutiner är alltid bra att ha, att göra likadant varje gång ökar chansen för att det blir rätt.

Foto:
Rickard Ljunggren

17. Sjukdomar och skador

Alla djur kan skada sig eller bli sjuka, så även ormar.
Som nybörjare kan det vara lättare att råka göra fel och få en sjuk eller skadad orm. Tittar du till ormen dagligen går det ofta att få bukt med sjukdomen eller skadan innan det går för långt.
Ofta är det inte de som har en sjuk eller skadad orm som mister sitt husdjur. Utan det är de som väntar för länge med att agera som får se sitt husdjur dö utan att ha hunnit göra något för att hjälpa ormen.

Näring

Har du skaffat dig en ormart som är vanlig i hobbyn beror sjukdomen sällan på felnäring. De arter jag rekommenderat i boken äter möss eller råttor och bytena sväljs hela och då får ormen garanterat i sig alla näringsämnen den behöver. I perioder är strumpebandssnokar rätt populära att hålla som husdjur och dessa kan ibland få bristsjukdomar om de äter fel sorts fisk, till exempel torsk eller sill.
Strumpebandssnokarna får då i sig ett enzym som leder till B-vitaminbrist hos ormen men även detta går att behandla om man bara behandlar i tid.

Parasiter

Ormar kan få både yttre och inre parasiter. Yttre är lättare att upptäcka då de kan ses med blotta ögat. Det handlar nästan alltid om ormkvalster, se kapitel 6. Jag gav dessa små odjur ett eget kapitel då de verkligen är hobbyns gissel och det problem som man oftast står inför. Inre parasiter är ovanligare som tur är och min bild är att det oftare handlar om viltfångade djur som har drabbats av dessa. De inre parasiterna är ofta så små att de inte kan ses utan mikroskop eller så rör det sig om maskar. En orm som ofta spyr upp maten kan lida av en parasitinfektion i mag- eller tarmkanalen. Är bajset vattnigt eller luktar väldigt starkt kan det också vara ett tecken på parasitinfektion. Det är bra om du har lite koll på hur ormbajs brukar lukta så märker du kanske förändringen. Blir ormen mer och mer mager trots att den äter kan det också vara ett tecken på att ormen inte får tillräckligt med näring för den tar parasiterna hand om. Misstänker du inre parasiter ska du omedelbart kontakta veterinär. Att vänta kan få ett tråkigt slut för dig som ormägare och ett ännu tråkigare slut för ormen

Munröta

Stress och dålig hygien i ormens terrarium kan leda till munröta. Byt bottensubstrat med jämna mellanrum och ge ormen ett stillsamt liv så minskar du risken för munröta.
Munröta upptäcker du genom att öppna ormens mun eller titta i mungiporna. Har du en väldigt liten orm kan man använda en tandpetare till att tvinga upp gapet, är ormen lite större kan du använda ett grillspett i trä. Du ska inte sticka in en spets i munnen på den stackars ormen utan du ska göra som jag gör på bilden. Genom att med grillpinnen/tandpetaren försiktigt pressa upp överkäken får du ormen till att gapa rejält. Att tvinga upp gapet på ormen är ingen behaglig situation för ditt husdjur så gör det bara vid misstanke om munröta. Är du osäker, rädd att skada ormen eller tycker du att det är obehagligt att tvinga upp ormens gap? Be en kunnig vän om hjälp.

Foto: Rickard Ljunggren. En gråbandad kungssnok som hade oturen att få agera fotomodell. Ingen röta hos ormen, hon var ljusrosa och fin i munnen.

Ser ormen lite skev ut i ansiktet när den har munnen stängd eller kan den inte stänga munnen riktigt? Då kan det vara begynnande munröta. Då hittar du små gulvita varklumpar i munnen som du måste städa bort med bomullspinne. Gör detta dagligen. Obehandlad röta sprider sig till hela gapet, därefter till skelettet och leder slutligen till att ormen dör. Under behandlingen kan du tillfälligt flytta ormen till en plastback där den har tidningspapper som bottensubstrat så att den inte får skräp i munnen som inte vill stänga riktigt. Glöm inte värmen i plastbacken! Medan ormen har tillfälligt boende kan du byta ut allt bottensubstrat i terrariet.

Bukröta

Bukröta kan ormen få på magen. Vid lindrig bukröta ser du en rodnad i bukfjällen. Har det gått längre kan du se blödande och variga sår.

Bukröta får ormen om den ständigt ligger i för blött underlag, ofta kombinerat med dålig hygien i terrariet. Om bukrötan är i ett tidigt stadie avhjälps rötan genom att hålla ormen på torrt underlag. Ofta försvinner rodnaden rätt fort och små sår försvinner efter ett par ömsningar. Precis som med munröta kan du flytta ormen till ett tillfälligt boende på tidningspapper. Byt tidningspappret dagligen så att ormen inte får en livshotande infektion av att få avföringsbakterier i ett sår. I plastbacken får ormen bo tills buken återfått fin färg. Under tiden byter du bottensubstratet i ormens terrarium. Har ormen fått sår som blöder eller varar, kontakta veterinär. Jag har tvättat sår från bukröta med jod, men rådfråga gärna veterinären innan du gör detta.

Att byta bottensubstrat med jämna mellanrum kan vara ett enkelt sätt att slippa både mun- och bukröta. Tre-fyra gånger om året är rimligt. Börjar det växa mögel eller lukta illa istället för att lukta natur ska du byta direkt. Glöm inte att städa efter hand mellan bytena av substrat.

Luftvägsproblem och förkylning

Stress och bristande hygien i ormens terrarium kan öka risken för att din orm får luftvägsproblem. De
bakterier som kan orsaka lunginflammation finns alltid runt ormen och dessa kan infektera din orm så fort ormens hälsa vacklar. Bor ormen för kallt kan det vara en start på problemet, så även kalldrag från exempelvis ett fönster eller en ytterdörr. Problemet kan även uppstå om ormen har fel miljö, fel inredning eller bristande hygien. Du kommer med andra ord långt genom att inreda väl (gott om gömställen), ha koll på temperaturen i terrariet och byta bottensubstrat då och då.

Börjar din orm ligga med munnen något öppen kan det vara ett tidigt tecken på förkylning eller lunginflammation, om du inte ser att det handlar om munröta. Är förkylningen lite kraftigare kan näsöppningarna sättas igen och ormen får andas med öppen mun precis som du får göra om du har en kraftig förkylning. Då är det inte helt ovanligt att ormen blåser bubblor ur munnen när den andas ut eller att det kan se ut som om ormen har lite fint skum runt munnen.

Det första du ska göra om du märker att din orm är förkyld är att öka på värmen, gärna till strax över 30 grader om din orm inte råkar tillhöra en art med speciella krav på kyla. Har du en majsorm, kungssnok, kungspyton eller kungsboa är 30 grader eller strax över en lämplig temperatur. Ökad värme gör att ormens immunförsvar fungerar bättre och ibland kan detta räcka för att ormen ska bli frisk igen. Blir inte ormen bättre på ett par dagar bör du kontakta veterinär. Tyvärr finns det inte alltid veterinärer i närområdet som kan reptiler så det kan bli en rätt lång resväg om du har otur.

Äggnöd

Det händer att honor inte klarar av att lägga alla sina ägg. Ett ägg kan vara onormalt stort och fastna i äggledaren eller kloaken. Händer detta behöver ormen hjälp. Har du erfarenhet kan du försöka massera ägget ner mot kloaken. Är du osäker eller misslyckas, kontakta veterinär.

Sammanfattat kan man nog våga påstå att många problem med sjuka ormar går att undvika genom att:

* Se till så att du köper en frisk orm (kapitel 6).
* Inte slarva med karantän om du skaffar flera ormar (kapitel 7).
* Läsa på om den aktuella arten och se till så att den levnadsmiljö du erbjuder ormen stämmer med artens krav.
* Inreda terrariet väl och genomtänkt (kapitel 11).
* Hålla god hygien i ormens terrarium.
* Följa miljön i terrariet så att temperatur och luftfuktighet är rätt även när årstiderna växlar.
* Förebygga skaderisker (se sidan 41 och 47).
* Transportera ormar på rätt sätt (kapitel 15).
* Fråga om råd i god tid (kunnig vän eller veterinär) om du ser något tecken på sjukdom eller skada. Är du osäker, hoppas inte på att problem löser sig av sig självt.

18. Kön

Könsdimorfism

Hos många djurarter syns tydliga könsskillnader, för den som vet vad man ska titta efter. Få av oss tar fel på könet hos en vuxen lejonhane och hos vissa ormarter kan det vara nästan lika tydligt. För mig som har den svenska huggormen, *Vipera berus*, som lite av ett specialintresse är det ofta rätt lätt att se vilket kön ormen som jag ser i skogen har.

Min tanke med denna bok var att hålla den någorlunda fri från konstiga ord och uttryck, men lite fikonspråk till får det bli. Fenomenet med tydliga könsskillnader hos djurarter har naturligtvis ett namn, könsdimorfism. Könsdimorfism är när handjur och hondjur av samma djurart har olika storlek, färg, utseende, läten och/eller karaktär. Hos ormar är det ofta så att honorna som vuxna är större än hanarna, det omvända finns också men får ses som lite ovanligare. I övrigt så brukar det handla om färgskillnader till exempel att honor och hanar har olika färger eller mönster.

Foto: Rickard Ljunggren. Ett par palmhuggormar, *Trimeresurus albolabris.* Mina palmhuggormar får ofta agera modeller trots att det är horribla ormar att ha som nybörjare, jag har tyvärr inte så många ogiftiga ormar. Hos palmhuggormar finns det en rejäl skillnad i storlek mellan könen. Honan till vänster är mycket större än hanen till höger. Bägge är vuxna, börjar bli till åren och de har gott och väl uppnått sin fulla storlek. Hos palmhuggormarna finns ofta utseendemässiga skillnader också. Hos just denna art har hanarna en tunn vit linje på sidan av kroppen som honorna saknar.

Könsorgan

Ormar har inre befruktning, vilket innebär att äggen befruktas inne i honans kropp. Hennes könsorgan liknar de flesta andra ryggradsdjurs könsorgan, med äggstockar och äggledare. Hanar har något som kallas hemipenis (det blir inget glosprov i slutet av boken). Hemipenis är ett manligt könsorgan hos ödlor och ormar, och det sitter en hemipenis på vardera sidan om djurets kloaköppning. Den har formen av en hudficka, som viks ut ur kroppen vid befruktning. Enkelt kan man säga att ormhanar har två snoppar vars sädesledare mynnar ut i kloaken. I viloläge ligger hemipenisen tillbakadragen inne i svansen men vid parningen så vrängs hemipenisens ena spets ut och förs in i honan.

Köp en redan könsbestämd orm

Ofta när du köper en orm är den redan könsbestämd av uppfödaren. Mitt råd är att inte köpa en orm som inte är könsbestämd, alltså de som säljs som 0.0.1. Där och då kanske det känns som att det kan kvitta, ormen kan få ha vilket kön som helst och du är ändå lika nöjd. Men risken finns att du i framtiden vill ha ett par och testa och se om du kan få dina ormar att föröka sig.

Köp gärna av en uppfödare som fött upp ormar ett tag, då är chansen att ormen har fått en korrekt könsbestämning större. Som nybörjar är det inte lätt att dubbelkolla könet på den orm man ser, särskilt inte om det är en juvenil (unga ormar kallas ofta för juveniler). Jag har själv slarvat ibland och bara tagit för givet att det som säljaren anger som kön stämmer. För några år sedan hade jag en majsormshane som överraskade mig genom att lägga ägg...

Läs på om arten du vill skaffa, har du tur finns det utseendemässiga skillnader mellan könen att hitta.

Det finns några olika sätt att använda sig av när man ska könsbestämma en orm. En del sätt är enklare och andra kräver mycket kunskap och ett vant handlag. Enklare sätt är tyvärr inte alltid lika pricksäkra, men man riskerar inte ormens hälsa om man råkar göra fel.

Enkla sätt:

Svansen

Hos en vuxen hane kan man se att svansen är lite bredare direkt bakom kloaköppningen eftersom hemipenisarna ligger där. Detta gör också att hanar har lite längre svans än honor i förhållande till övrig kroppslängd. Honors svansar smalnar av mera abrupt än hanars, direkt efter kloaken eftersom utrymme för "snoppar" inte behövs.

Foto: Jenny Ljunggren. De röda pilarna pekar på kloaken, därefter börjar svansen. Överst en hona, med en kortare svans som smalnar av lite abrupt. Nederst en hane, med en lång svans med jämn avsmalning.

Att könsbestämma genom att titta på svansars längd eller på hur pass abrupt en svans smalnar av är ingen exakt vetenskap och det kan vara svårt att avgöra om det är en hona eller hane. Ännu svårare om du inte har motsatt kön att jämföra med. Lättast är det nästan om du har en kull nyfödda och kan sortera dessa i två halvor.

Man kan även räkna de så kallade subcaudalplåtarna, fjällen på undersidan efter kloaken. Lättast görs detta genom att man tar ett ömsat skinn med helt svansskinn och räknar plåtraderna på svansens undersida bakom analplåten (se sidan 28). Använd ett bra förstoringsglas och en knappnål att peka med. Sedan får du jämföra antalet med information du hittar på nätet och se om det antal du räknade till stämmer med en hona eller en hane. Viss överlapp i antal plåtar finns mellan könen, hamnar du mitt i skalan kan det vara både en hona och en hane.

Parning

Har du ett par i samma terrarium kommer hanen att avslöja vem han är i samband med parning. Han kommer att uppvakta honan genom att ringla tätt efter henne och ofta även uppe på hennes kropp. Inte sällan är han väldigt ryckig i sina rörelser. Har du två hanar i samma terrarium kan det hända att de börjar slåss om honans gunst. De kommer att jaga varandra och brottas genom att slingra sig kring varandra. De skadar sällan varandra, men förloraren kommer därefter att försöka hålla sig undan. Det bästa är att sära på hanarna för att undvika onödig stress för djuren. Många som ser två ormhanar i kamp i naturen misstar detta för en parning, men parningen är en mycket mera fredlig aktivitet.

Lite svårare, men mera säkra sätt:

Det finns andra sätt att könsbestämma en orm på, som är mera pricksäkra men som kräver en del erfarenhet och kunskap. Mitt råd till dig är att inte försöka dig på dessa efter att ha läst min bok. Ska du könsbestämma genom det som kallas poppning, palpering eller sondering måste du ha lärt dig det praktiska handlaget av någon som har tid att visa dig och låta dig öva. Att som glad amatör prova sig fram innebär skaderisker för de ormar som får agera övningsobjekt.

Poppning

Poppning bör inte utföras på ormar äldre än 3 månader. Man poppar genom att man med en rullande rörelse med tummens topp trycker fram hemipenisarna på hanar. På honor finns ju inget att trycka fram så på dem blir det bara en rosa färg i analöppningen eftersom man trycker ut lite av tarmänden. Risken för fel finns eftersom hemipenisarna kan vara tröga att få ut och man är kanske lite för försiktig. Då kan man felaktigt tro att en hane är en hona eftersom inget poppade ut.

Palpering

Palpering utförs genom att man drar försiktigt med tummens topp från kloaköppningen mot svansspetsen. Motsatt rikting mot poppning med andra ord. Om det är en hane uppstår ett knäppande ljud när man passerar hemipenisfickorna. På honor hörs inget ljud alls, de saknar ju dessa fickor. Detta kan man utföra på vuxna eller nästan vuxna ormar, men inte på små ormar. Små ormar är för ömtåliga och kan skadas.

Sondering

Sondering utförs med sonderingsnål. Detta är en nål med en droppformad liten klump längt ut, istället för en spets. Man använder olika stora nålar beroende på hur stor ormen är. Man för försiktigt in sonderingsnålen i analöppningens ytterkant i riktning mot svansspetsen. Om den glider in en bit har man kommit in i ena hemipenisfickan och det är alltså en hane. Tar det stopp nästan direkt är det en hona.

19. Fortplantning

Foto: Rickard Ljunggren. Två palmhuggormar, *Trimeresurus albolabris*, som parar sig. Fotograferat genom glasruta då jag inte ville störa i kvällsmyset.

För många är parning en del av hobbyn. Man vill lyckas med att föda upp den art man håller och man kan se det som ett kvitto på att man gör ett rätt bra jobb som djurägare om ormarna väljer att para sig. Men innan du tar det steget, fundera på om det sedan går att sälja ormarna. En kull kan vara på långt över tio juveniler och är det en vanligare art eller morph kan det vara svårt att hitta köpare. En viltfärgad kungspyton eller majsorm kan vara direkt svårsåld och då finns risken att man behöver mer utrymme och fler terrarier där hemma. En gång fick jag en kull av en ovanligare art av pytonorm, *Liasis mackloti mackloti*, där det visade sig att det inte fanns en enda person i Sverige som delade mitt intresse och ville köpa någon av ungarna. Jag fick hitta köpare utomlands till samtliga ormar jag kläckt fram. Har du bestämt dig för att försöka, läs på vad som gäller för din art. Hur behöver de uppfödarbevis se ut som du ska ge köparna?
Vad ska du göra för att ormarna ska vilja para sig?
Och självklart ska du vänta med att försöka para dina ormar tills de är vuxna.

Dvala

Vissa arter går i dvala över vintern, precis som björnar går i ide. Ska du få en sådan art att para sig ökar chansen om du gett ormarna vinterdvala. Hos dessa arter sker parningen varje eller vartannat år, ett kort tag efter att dvalningsperioden tagit slut. Mer om vinterdvala hittar du i nästa kapitel.

Särbo

Min erfarenhet är att ormar som alltid bor ihop kan vara något svårare att få till att para sig. Att släppa ihop ett par i samband med artens parningsperiod brukar öka chanserna. Du ska då släppa in hanen till honan, inte tvärtemot. Då blir det lite som i naturen, hanen letar upp en väntande hona. Låt därefter ormarna bo ihop ett par veckor. Händer inget kan hanen flytta hem igen några dagar, för att därefter återvända till honans terrarium.

Ett gammalt trick är att slänga in ett ömsat skinn från en annan hane i honans terrarium. Då kan det "lukta konkurrens" och chansen finns att hanen passar på innan någon annan hane gör det.

Ägg och ungar

Många av de arter som är vanligast förekommande att hålla som husdjur är äggläggande arter. Majsormen, olika arter av kungssnokar och kungspyton lägger ägg, men kungsboan gör det inte.
Parar du en äggläggande art behöver du en äggkläckare. Det finns färdiga att köpa men man kan även bygga själv. Jag har själv valt att köpa en äggkläckare då jag ofta har haft större framgång med köpt kläckare än vad jag har haft med mina hemmabyggen. Parar du en art som inte lägger ägg slipper du biten med att övervaka äggen och miljön som de ligger i. Det är nämligen lite arbete med äggen, som inte får ha det för vått eller för torrt, inte för varmt eller för kallt. Varje art har sina krav så sök information om vad som gäller specifikt för din orm innan din hona lägger ägg.

Foto: Carina Edqvist-Berglund. En majsorm som precis lagt ägg.

De arter som inte lägger ägg brukar jag låta föda i terrariet. De ploppar ut små ungar i sina fostersäckar som de sedan tar sig ut ur. Har du för torr miljö i terrariet finns risken att säcken torkar till och ormen inte lyckas ta sig ut.
Från parning tills det kommer ungar brukar det ta ungefär fyra månader, med viss skillnad från art till art. Äggläggande arter lägger äggen efter två månader och dessa kläcks efter ytterligare två. De arter som inte lägger ägg låter ungarna utvecklas inne i honans kropp under denna tvåmånadersperiod

Friska ägg är vita, ungefär lika stora och samtliga ser likadana ut. Är äggen väldigt små, gulaktiga eller gulbruna är det vad som brukar kallas "bärnstenar", det vill säga obefruktade ägg. Är äggen gulaktiga och i lite olika former är det också obefruktade ägg. Befruktade ägg kan dock ta färg av bottensubstratet om de får ligga där någon dag. Jag hade en gång en kull gulaktiga ägg som hade tagit färg av torven de låg i och det blev ändå en lyckad kläckning till slut.

Foto: Carina Edqvist-Berglund.
Ovan, befruktade och friska ägg.
Nedan, olikformade och gulaktiga ägg som inte är befruktade.

20. Dvala

Ska du dvala dina ormar måste du läsa på hur pass svalt de vill ha det under sin övervintring och hur länge de bör vila. För de flesta djur från tempererade områden, som exempelvis majsormar, är en övervintringstemperatur strax under 10 plusgrader bra och dvalan bör pågå i 2–3 månader. De sista tre veckorna innan dina ormar ska påbörja sin vinterdvala ska du sluta ge dem mat eftersom matsmältningen slutar fungera när ormen är nerkyld. Maten riskerar att ruttna i magen och detsamma gäller bajs som ännu inte kommit ut. En del badar sina ormar i ljummet vatten före dvalan för att få dem att tömma tarmen i badet. Se till så att ormen är torr igen innan dvalningen påbörjas om den har badat.

Jag dvalar ormar i genomskinliga små plastbackar med bottensubstrat och en ytterst minimal vattenskål. Till att börja med får de bo kvar i ormrummet, fast jag har ställt plastbackarna direkt på golvet för att det ska bli lite svalare. Förr hade jag därefter dessa backar i en vinkyl, numera har jag ett ouppvärmt rum i källaren som håller lämplig temperatur på vintern. Det finns de som har ormarna kvar i sina terrarium och dvalar dem däri. Detta bygger på att du har ett rum som du kan stänga av värmen i under dvalningsperioden och det har kanske de flesta av oss inte.
Några gånger i veckan tittar jag till ormarna och byter ut vattnet vid behov. Ormarna äter ingenting under dvalan, men det händer att de dricker. Det som är den största risken för djuren vid övervintring är i första hand uttorkning och i andra hand temperaturen. Vinterboendet bör inte vara helt utan luftfuktighet, utan det behöver följa artens behov.
När dvalan är slut brukar de få bo kvar några dagar i sina lådor, fast då har jag har flyttat lådorna till att stå direkt på källargolvet i ormrummet. Detta gör jag för att de inte ska gå från enstaka plusgrader till över normal rumstemperatur direkt utan det blir mera naturligt om inte värmen ökar för fort. Har man en vinkyl eller liknande kan de vara kvar där medan man ökar värmen dag för dag. När ormarna har bott i normal värme kan du prova att mata, helst med ett något mindre byte än vad du normalt brukar ge. Andra matningen efter dvalan kan du ge byte av normal storlek.
Se även sidan 73 angående dvalning innan parning.

21. Giftormar

Boken innehåller tyvärr onödigt många bilder på giftormar, som jag skrev på sidan 67 så får dessa ofta agera fotomodeller till bilderna i denna bok då jag själv har rätt få ormar som inte är giftiga. Se absolut inte detta som ett råd att skaffa en giftorm. Jag är övertygad om att de som har behov av denna bok inte bör ha giftormar i terrarium.

Foto: Rickard Ljunggren.

Dörren in till mitt rum med giftormar.

Att skaffa giftorm är inget du ska ge dig på utan att vara väldigt påläst och först ska du ha lång erfarenhet av att hålla ogiftiga ormar i terrarium. Denna bok vänder sig till dig som kanske inte är så påläst och ännu inte har hunnit skaffa dig så mycket erfarenhet. Därför tänker jag inte skriva några goda råd om vad man ska tänka på om man väljer att skaffa en giftorm. Den kunskapen och erfarenheten som man bör ha för att på ett någorlunda säkert sätt kunna hantera potentiellt livsfarliga ormar i hemmet kan du inte skaffa dig genom att läsa en bok.
Det kan vara bra att ha en mentor eller gå på giftormskurser för att få lära sig det man behöver för att kunna hantera och sköta en giftorm på ett säkert och korrekt sätt. Återigen kan jag göra reklam för hobbyns föreningar, där hittar du seriösa människor med stor erfarenhet och mycket kunskap.

Sveriges Herpetologiska Riksförenings logga, se sidan 12.

Innan du skaffar en giftorm bör du ha haft orm i flera år, vara van vid att "läsa" en orm och gärna kunna förutse ormens rörelser och se om den strax gör ett utfall. Att vara van vid att använda ormkrok är ett måste, jag själv övade länge genom att använda kroken på helt ofarliga ormar. Vissa skaffar snokarter som är kända för att vara defensiva, då får man öva på att använda ormkrok. Skulle man råka bli biten blöder det lite, men du behöver inte åka till sjukhus.
Är ditt mål att i framtiden ha en art som råkar vara giftig ska du inte ha för bråttom. Du måste vara en erfaren ormägare innan du tar steget in i giftormsvärlden och du bör ha flera problemfria år som ormägare bakom dig. Att kurera en sjuk orm, hjälpa en orm som misslyckats med att ömsa eller en orm som fått kvalster kan bli ett

mycket farligt arbete om det är en giftorm. Och att ha en orm på rymmen får ALDRIG hända om det är en giftig orm!
Eftersom inte alla förstår vår hobby och kan både känna avsmak och rädsla för dessa djur är det extremt viktigt att man vet vad man sysslar med om man väljer att hålla giftorm i terrarium. Både för ens egen men även för andras skull. Slarv och misstag kan få förödande konsekvenser och utsätta både dig själv och andra för fara. Sjukhusvistelse och oroliga familjemedlemmar är inte vidare trevligt och det är inte helt ovanligt med permanenta skador och fula ärr efter ett giftormsbett.

Jag är medvetet tjatig i detta kapitel, det får du helt enkelt stå ut med. Giftorm är inget man bör skaffa sig utan kunskap och erfarenhet. Jag hade ormar i flera år innan det kom hem en första giftorm.

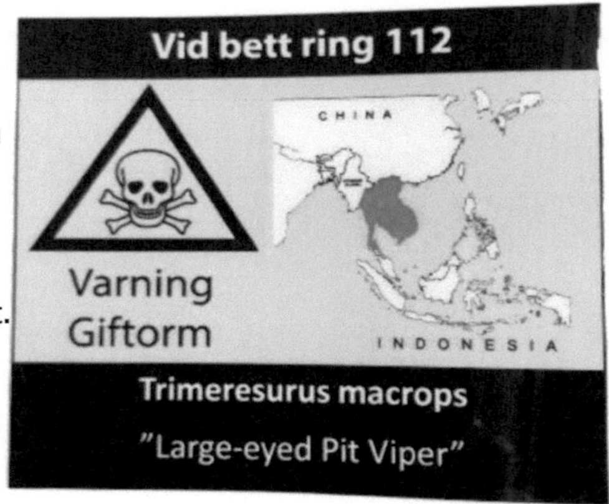

Foto: Rickard Ljunggren. Varningsskylt som sitter på ett av mina terrarier.

Jag värnar om hobbyn och jag tycker att en del har allt för bråttom med att skaffa giftorm. Att ha giftormar är en hobby som ifrågasätts av många och en del tycker att det borde vara förbjudet för privatpersoner att ha giftormar i hemmet. Varje gång någon blir biten eller en orm är på rymmen tar diskussionerna ny fart.

De flesta inom hobbyn skaffar aldrig ormar som kan äventyra ens hälsa. Det tar mera tid att sköta giftormar och det finns alltid en hälsorisk.

22. Tack!

Tack för att du valt att läsa min bok! Jag har försökt att skriva den bok jag själv borde ha läst innan jag skaffade min första orm. Då fanns inte internet, den enda kunskapskällan för mig var vad bokhandeln och biblioteket hade att erbjuda eftersom mina vänner inte delade mitt intresse.
Idag släpps det tyvärr väldigt få böcker om ormar på svenska. Senaste boken som vänder sig till den som är ny i hobbyn är ungefär 20 år gammal när jag skriver denna text. Bibliotekens exemplar börjar bli slitna och den finns inte längre i bokhandeln.

Att ha orm som husdjur ligger i tiden och min bild är att hobbyn är större än någonsin. Fler och fler har allergier och då är ormar och andra reptiler ett utmärkt och allergifritt alternativ. Många idag lever dessutom välfyllda liv där tid är en bristvara och då är ormar också ett bra alternativ. Att ge din orm daglig tillsyn tar ju inte så lång tid och ofta kan man låta hobbyn ta den tid man vill att den ska ta. Daglig tillsyn och vattenbyte tar inte så många minuter, resten av tiden du lägger på hobbyn kan du styra till de dagar du har tid och lust.

För mig är det en väldigt rogivande hobby. Det är lugnt och fridfullt i ormrummet och den stund jag ägnar åt ormarna är för mig ett gyllene tillfälle till paus från vardagen.

Hoppas att du fann boken intressant och lärorik och hoppas ormar blir en lika givande hobby för dig som den är för mig!

Kort om mig

Jag har varit intresserad av ormar hela livet. I unga år hände det att jag fångade en snok eller en kopparödla och tog med hem och hade i trädgården en stund innan den fick flytta ut i skogen igen. Man får naturligtvis inte fånga snok eller kopparödla och ta med hem, detta vet jag idag men den kunskapen saknades i lågstadieåldern.
När jag flyttat hemifrån skaffade jag mig min första orm och sedan dess har jag antagligen ägt drygt 200 ormar och även några sköldpaddor. Idag har jag strax över 30 ormar i källaren, både arter man vågar klappa och arter som har gift i sitt bett. Jag är gärna ute i naturen och letar ormar, både i Sverige och i Sydostasien.

Foto: Jonathan Hagström. En bild på mig i skyddsglasögon tillsammans med en spottkobra, *Naja siamensis*, i Thailand.

Jag har tidigare släppt fyra böcker om ormar. Den första boken heter "Möte med orm" och handlar om våra tre arter av orm i Sverige. Den ger även allmänna kunskaper om hur ormar fungerar, tar upp fenomenet ormrädsla och ger en del tips till de som har problem med ormar som oönskade gäster på tomten. Andra boken handlar enbart om huggormar och vänder sig till yngre läsare, titeln är "Huggorm".

Den tredje boken heter "Thailands kobror" och handlar om just dessa. Boken ger också tips på vad man som turist ska tänka på när det gäller giftormar i det sydostasiatiska landet och hur man turistar djurvänligt. Förra boken jag skrev heter "Snake church" och handlar om de församlingar i USA som väljer att hantera giftormar med händerna under gudstjänst. Självklart handlar även boken om de amerikanska giftormar som de väljer att ha med i kyrkan då ormar alltid har huvudrollen i mina böcker. Det var en väldigt intressant bok att skriva där jag fick inblick i en värld som för mig är både spännande och främmande. Det tog lång tid, men till sist lyckades jag få till en intervju med en amerikansk "ormpastor".

Tack ännu en gång! Hoppas du tycker ormhobbyn är lika fantastisk som jag gör!
Med vänlig hälsning Rickard